高等学校计算机基础教育教材精选

大学计算机高级应用
（下卷）

景波 陈耿 主编

黄承宁 徐新 王欣 孙洁 吴菲 杨小琴 李莉 编著

清华大学出版社

北京

内 容 简 介

本书为案例教程，将“案例贯穿”与“任务驱动”相结合，通过16个案例全面讲解了 Photoshop CS5 与 Dreamweaver CS6 的功能和应用技巧。

全书共分为两篇8章。第1篇为 Photoshop 高级应用，共包含4章内容：第1章讲解如何进行图像处理，第2章讲解如何进行图形平面设计，第3章讲解如何进行图像综合处理，第4章讲解如何进行网页元素的设计处理。第二篇为 Dreamweaver CS6 高级应用，共包含4章内容，分别是：第5章讲解网站欣赏与整体设计，第6章讲解基本网页的制作，第7章讲解网页布局的规划，第8章讲解网页风格的统一。

本书主要使用与管理类、信息类、文秘类、计算机类等专业的办公自动化、大学计算机基础课程教学，同时也可以作为办公自动化社会培训教材及行业图形网页设计人员的自学用书。

图书在版编目(CIP)数据

大学计算机高级应用. 下卷/景波，陈耿主编. —北京：清华大学出版社，2016
高等学校计算机基础教育教材精选
ISBN 978-7-302-42824-4

Ⅰ. ①大… Ⅱ. ①景… ②陈… Ⅲ. ①电子计算机－高等学校－教材 Ⅳ. ①TP3

中国版本图书馆 CIP 数据核字(2016)第 022237 号

责任编辑：张 玥 薛 阳
封面设计：何凤霞
责任校对：梁 毅
责任印制：王静怡

出版发行：清华大学出版社
网 址：http://www.tup.com.cn，http://www.wqbook.com
地 址：北京清华大学学研大厦 A 座 邮 编：100084
社 总 机：010-62770175 邮 购：010-62786544
投稿与读者服务：010-62776969，c-service@tup.tsinghua.edu.cn
质量反馈：010-62772015，zhiliang@tup.tsinghua.edu.cn
课件下载：http://www.tup.com.cn,010-62795954
印 装 者：三河市中晟雅豪印务有限公司
经 销：全国新华书店
开 本：185mm×260mm 印 张：11.5 字 数：283 千字
版 次：2016 年 2 月第 1 版 印 次：2016 年 2 月第 1 次印刷
印 数：1～2500
定 价：34.50 元

产品编号：067309-01

前言

在计算机信息技术高速发展的今天，我们的生活、工作、学习都离不开计算机和网络，特别是互联网技术的发展，图形与网页无处不在，因此掌握必要的计算机图形与网页设计与制作处理能力对我们的生活与工作显得十分必要。《大学计算机高级应用(下册)》与《大学计算机高级应用(上册)》相辅相成，(上册)在介绍计算机信息基础与计算机办公操作的基础上介绍了图像与网页的设计与操作，在高等院校中相关课程也开设已久，但是如何让学生通过课程的学习可以切实掌握计算机图像与网页的设计及操作成为高校计算机教学改革的迫切问题。

本书是根据教育部高等学校给计算机基础课程教学指导委员会提出的《关于进一步加强高等学校计算机基础教学的几点意见》以及人社部职业技能鉴定中心对计算机操作员提出的关于理论与操作的鉴定要求编写的。

本书从企业实际应用中对计算机图形与网页设计处理技能要求出发，通过8章15个案例详细介绍了 Photoshop CS5 与 Dreamweaver CS6 的实际应用功能，让读者在案例操作中掌握计算机图像与网页的基本操作与应用，并能够动手解决实际问题。

本书编写的案例均由案例描述、案例分析、案例实施和扩展练习组成，与《大学计算机高级应用(上册)》一脉相承，在案例描述中展现企业应用需求，在案例分析中分解点拨知识点，在案例实施汇总中显示具体知识点应用技巧，在案例实训中让学生举一反三。案例之间遵循由浅入深，层级递进的关系，让学生在案例操作中轻松掌握计算机图像与网页设计制作技能。

全书逻辑清晰，语言简洁，通俗易懂。在编写过程中既注重计算机实际操作能力的培养，同时也兼顾计算机图像与网页理论知识的介绍。本书可作为高等学校非计算机专业的大学计算机课程教程，也可作为培训和各类考试参考用书。

由于编者水平有限，时间仓促，书中难免有许多不当与疏漏错误之处，敬请读者批评指正。

编　者

2015年9月

目录

第1篇 Photoshop高级应用

第 2 篇 Dreamweaver CS6 高级应用

第 1 篇　Photoshop 高级应用

第1章 图像处理

图像又称位图，是由扫描仪、摄像机、照相机等输入设备捕捉实际的画面产生的数字图像，是由像素点阵构成的位图。像素就是一个个带有颜色的小方格，每个小方格拥有自己的独立颜色和位置，保存时要记录每个像素点的位置和颜色，所以图像像素点越多（分辨率高），图像越清晰，文件就越大。图像的优点：颜色逼真、色彩丰富、过渡自然。图像的缺点：文件一般较大；放大图像不能增加图像的点数，可以看到不光滑边缘和明显颗粒，质量不容易得到保证。

Photoshop 是当今世界最流行的一款图像图形处理软件，被广泛应用于平面广告设计、艺术图形创作、数码照片处理等领域。本章将带领大家探寻它的奥秘，掌握它的使用方法。

本章通过案例介绍如何使用 Photoshop 图像处理工具进行照片后期设计和合成。读者可以在本章中学会根据图像处理需求灵活运用参考线、抠图工具、图层操作、路径和选区的相互转换、图像色彩调整等工具。

1.1 照片后期简单设计

1.1.1 案例描述

利用 Photoshop 相关设计工具制作完成照片橘子.jpg 的六格设计，如图 1-1 所示。

1.1.2 案例分析

图 1-1 图像六格效果图

照片后期处理和设计不是简单的照片处理，目的是还原情景、补救拍摄缺陷、提升照片质量和效果，表现个性需求，后期可以还原现实、锦上添花、起死回生、个性表达。利用 Photoshop 可以进行各种照片合成、修复和上色操作。例如，为照片更换背景、照片分块、照片偏色校正，以及照片美化等。例如，为照片更换背景、为人物更换发型、照片偏色校正，以及照片美化等。

参照案例样图，通过分析，要完成图像的六格效果设计需要以下知识点：

(1) 参考线、标尺；

(2) 图片变换、选区应用；

(3) 图像基本处理工具。

参照案例图像六格效果分析可得，要完成该效果设计需要进行以下工作：

(1) 启动 Photoshop CS5 并打开图像文件；

(2) 添加标尺和参考线；

(3) 复制图层；

(4) 变换图层。

1.1.3 案例实施

1. 启动 Photoshop CS5 并打开图像文件

1) 启动 Photoshop CS5

安装好中文版 Adobe Photoshop CS5 程序后，可使用下面两种方法启动它。

选择"开始"|"所有程序"|Adobe Photoshop CS5 选项，启动 Adobe Photoshop CS5，或者桌面上如果有 Adobe Photoshop CS5 的快捷方式图标 Ps，双击它也可以启动该程序。

2) 打开图像文件

启动中文版 Photoshop CS5 后，单击"文件"菜单，在下拉菜单中选择"打开"或者按快捷键 Ctrl+O，打开"打开"对话框，在"打开"对话框内的"查找范围"下拉列表框中选择文件夹，再在"文件类型"下拉列表框中选择文件类型为 JPEG，在文件列表框中单击选中"橘子"图像文件，单击"打开"按钮，打开图像文件"橘子.jpg"。

3) 显示 Photoshop CS5 工作界面

打开图像文件后将显示 Photoshop CS5 工作界面，如图 1-2 所示，它主要由应用程序栏、工作区切换按钮栏、菜单栏、工具选项栏、工具箱、图像工作区、状态栏和常用浮动面板等组成。

图 1-2 Adobe Photoshop CS5 界面

小知识：

新建图像文件：启动中文版 Photoshop CS5 后，单击"文件"菜单，在下拉菜单中选择"新建"或者按快捷键 Ctrl+N，打开"新建"对话框，如图 1-3 所示，在此设置名称、宽度、高度及分辨率等各项参数。

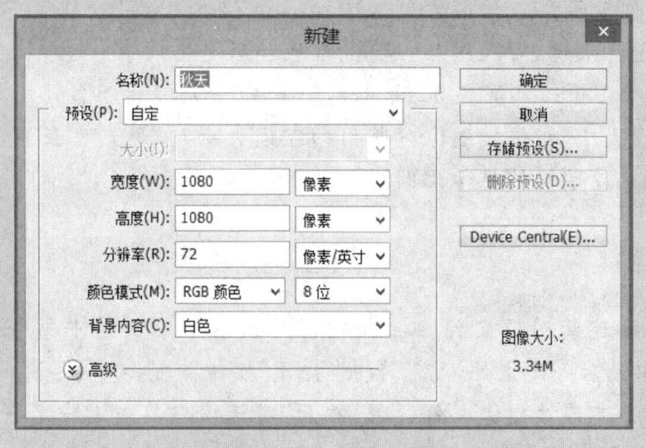

图 1-3 "新建"对话框

应用程序栏：位于界面顶部，其左侧显示了 Photoshop CS5 程序的图标和一些常用工具按钮，如图 1-4 所示。

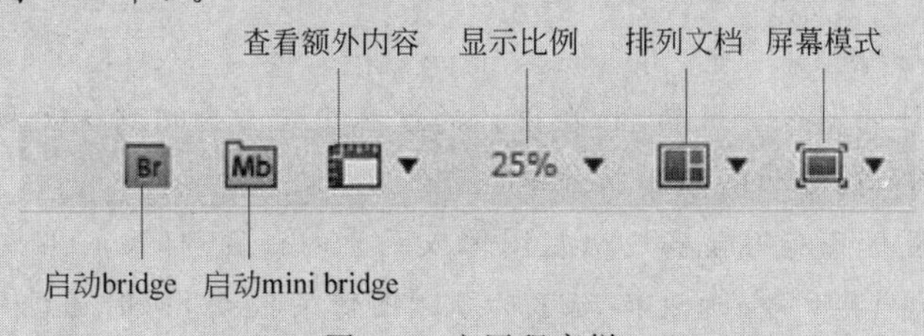

图 1-4 应用程序栏

工作区切换按钮栏：位于应用程序栏右侧，单击"切换"按钮，可以快速切换到相应状态的工作区，单击 » 按钮，可以调出"工作区"菜单。

菜单栏：位于应用程序栏下方，Photoshop CS5 将其大部分命令分类放在了菜单栏的不同菜单中，如"文件"、"编辑"、"图像"、"图层"、"选择"、"滤镜"、"视图"、"窗口"等。要执行某项功能，可首先单击主菜单名打开一个下拉菜单，然后继续单击选择某个菜单项即可。

工具箱：Photoshop CS5 的工具箱中包含了 70 余种工具。这些工具大致可分为选区制作工具、绘画工具、修饰工具、颜色设置工具及显示控制工具等几类，通过这些工具我们可以方便地编辑图像。

工具选项栏：当用户从工具箱中选择某个工具后，在工具选项栏中会显示该工具的属性和参数，利用它可设置工具的相关参数，当前选择的工具不同，选项栏的内容也不相同。

图像工作区：用来显示和编辑图像文件。默认情况下，Photoshop 使用选项卡的方式来组织打开或新建的图像，每个图像都有自己的标签，上面显示了图像名称、显示比例、色彩模式和通道等信息。当用户同时打开多个图像时，通过单击图像标签可在各图像之间切换，当前图像的标签将显示为灰白色。

浮动面板：位于图像工作区右侧。Photoshop CS5 为用户提供了很多面板，分别用来观察信息，选择颜色，管理图层、通道、路径和历史记录等。

状态栏：位于图像工作区底部，由两部分组成，分别显示了当前图像的显示比例和文档大小/暂存盘大小（指编辑图像时所用的空间大小）。用户可在显示比例编辑框中直接修改数值来改变图像的显示比例。

小贴士：

同时打开多个连续图像文件：在“打开”对话框中单击选中第一个文件，再按住 Shift 键单击选中最后一个文件，然后单击“打开”按钮即可。

同时打开多个不连续图像文件：在“打开”对话框中单击选中第一个文件，再按住 Ctrl 键，单击选中要打开的各个图像文件，然后单击“打开”按钮即可。

2. 添加标尺和参考线

小知识：

为了使得设计的图像更加精准，在设计的过程中经常会用到标尺和参考线，如进行 Logo 设计、网页绘制、对称图像的制作等。

标尺的应用：标尺能够精确地确定图像或元素的位置；标尺的单位可以改变，可以为厘米、毫米、像素、英寸等；通过标尺可以知道图像的大小，同时通过结合辅助线使得图像的位置更加精准；此外，通过双击标尺，还可以直接更改图片和文字的单位、装订线大小、打印分辨率和屏幕分辨率等，如图 1-5 所示。

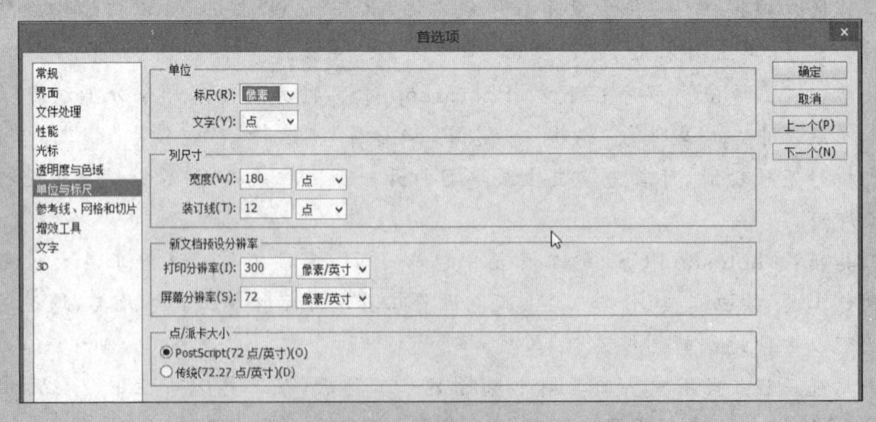

图 1-5　首选项对话框

参考线的应用：参考线是用户设置的一条或者数条水平或垂直的线条，用来做对齐图层或画线的参考位置。智能参考线是系统自动建立的，勾选此项后，当用户在一个图层中拖动的图形与另一个图层中的图形接近对齐时，它就会自动吸附成对齐状态，并显示智能参考线，智能参考线多应用于切片时，它会自动根据切的位置出现。

添加标尺和参考线的具体步骤如下：

(1) 打开“橘子.jpg”，单击“视图”菜单下的“标尺”命令或者按 Ctrl＋R 键打开标尺，如图 1-6 所示，单击工具选项栏“前面的图像”命令，则显示该图片的大小为 1023px×732px，如图 1-7 所示。

图 1-6　添加标尺后的界面

图 1-7　显示图片大小

(2) 要将图片变成 4 等份，则需要添加参考线，单击“视图”菜单下的“新建参考线”命令，弹出“新建参考线”对话框，在对话框中输入参考线的位置，如图 1-8 所示，分别在垂直的 341px、682px 位置，水平的 366px 位置各建立一条参考线，建立参考线后的效果如图 1-9 所示。

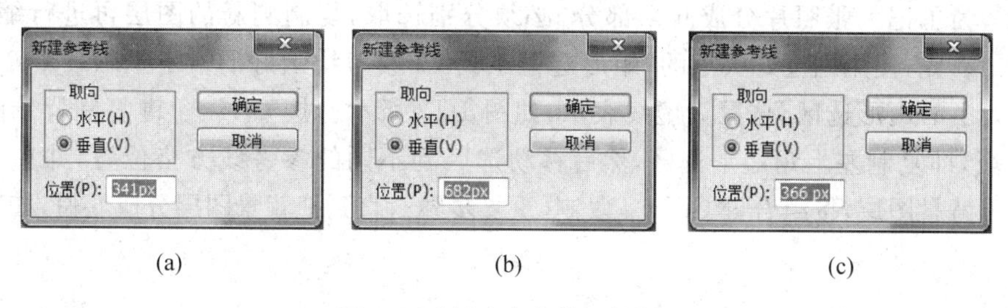

(a)　(b)　(c)

图 1-8　“新建参考线”对话框

(3) 选择"视图"|"对齐到"|"参考线"命令，使得接下来的绘图能够对齐参考线，如图 1-10 所示。

图 1-9 "参考线"效果

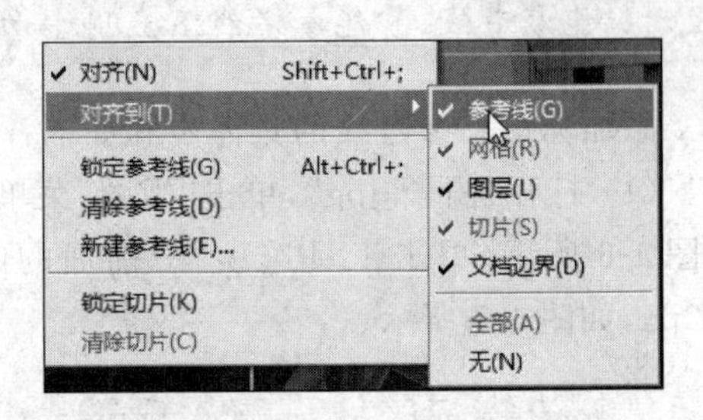

图 1-10 执行"视图"|"对齐到"|"参考线"命令

小贴士：

添加参考线的另一种方法：先打开标尺工具，可使用"选择工具"并拖动鼠标从标尺位置拖出参考线，如图 1-11 所示。

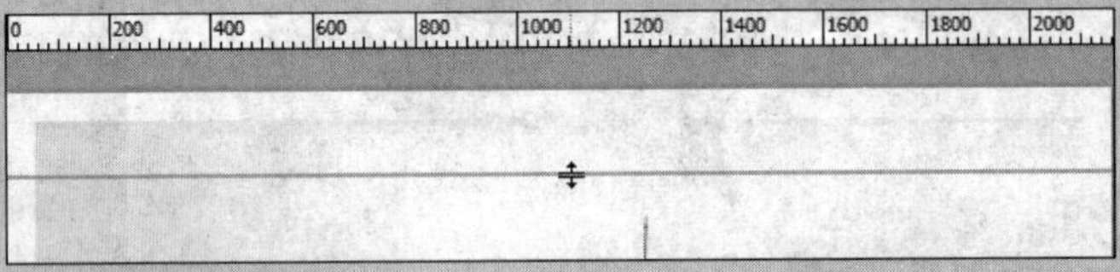

图 1-11 拖动鼠标拖出参考线

3. 复制图层

(1) 为了将图像分为 6 个小格子，必须建立格子的选取范围。使用工具箱中的"矩形选框工具"，在工具选项栏中设置该工具属性："样式"为"固定大小"、"宽度"为 341px、"高度"为 366px，这样接下来绘制的每个矩形选框大小都一致，避免图像不够精准，如图 1-12 所示。

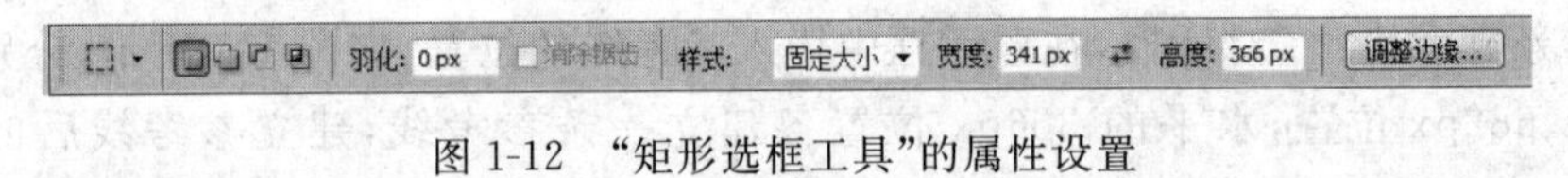

图 1-12 "矩形选框工具"的属性设置

(2) 为了把一张照片分成 6 个部分，必须分别选取，复制到新的图层再进行缩小，重新排版。首先，使用固定好大小的"矩形选框工具"在参考线画好的格子里画一个 341px×366px 大小的矩形选区，选区为虚线表示，如图 1-13 所示。按 Ctrl+J 键复制背景图层选中的区域，即复制左上角矩形选区，然后移动选区到不同的参考线方格位置，并在浮动窗口中选中背景图层，按组合键 Ctrl+J 复制，重复步骤 5 直到把背景图层分成 6 份，如图 1-14 所示。

图 1-13　绘制矩形选框

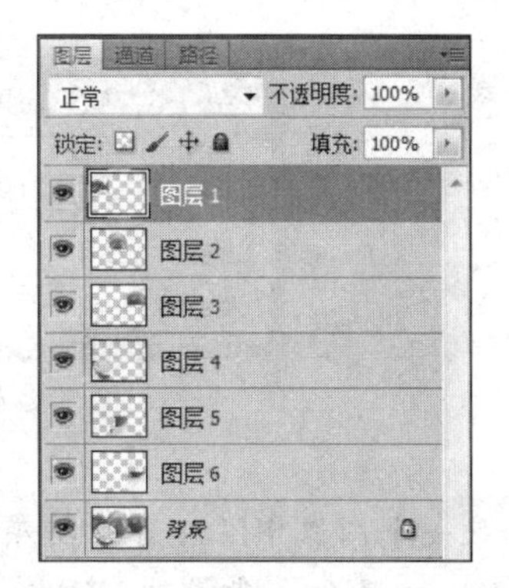

图 1-14　复制背景图层选中区域

小知识：

选区：选区是封闭的区域，可以是任何形状，但一定是封闭的。不存在开放的选区。选区一旦建立，大部分的操作就只针对于选区范围内有效。如果要针对全图操作，则必须取消选区。

移动选区：在选择选框工具组工具的情况下，将鼠标指针移到选区内部(此时鼠标指针变为形状)，再拖曳移动选区。

取消选区：按 Ctrl＋D 键，可以取消选区。在“与选区交叉”或“新选区”状态下，单击选区外任意处，以及单击“选择”菜单下的“取消选择”命令，都可以取消选区。

隐藏选区：单击“视图”菜单下的“显示”子菜单中的“选区边缘”命令，使它左边的对号取消，即可使选区边界的流动线消失，隐藏选区。虽然选区被隐藏，但对选区的操作仍可进行。如果要使隐藏的选区再显示出来，可重复上述操作。

图层：在 Photoshop 中制作图像时，用户可以先在不同的图层上绘制不同的图画并进行编辑，由于各个部分不在一块图层上，所以对任一部分的改动都不会影响到其他图层，最后将这些图层按照一定的次序叠放在一起，就构成了一幅完整的图像。一幅图像通常是由多个不同类型的图层通过一定的组合方式自下而上叠放在一起组成的，它们的叠放顺序以及混合方式直接影响着图像的显示效果。

图层分为普通图层和背景图层：背景图层与普通图层有很大区别，它的主要特点是：背景图层是一个不透明的图层，以背景色为底色，并且始终被锁定。在背景图层右侧有一个锁图标，它表示当前图层是锁定的。背景图层不能进行图层不透明度、图层混合模式和图层填充颜色的调整。背景图层的图层名称始终以“背景”为名，位置在“图层”面板的最底层。

小贴士：

背景图层与普通图层之间互换：方法是双击背景图层，此时出现如图 1-15 所示的对话框，在“名称”框中输入图层名称，然后单击“确定”按钮就可以将背景图层转换为普通图层，背景图层变成了“图层 0”。

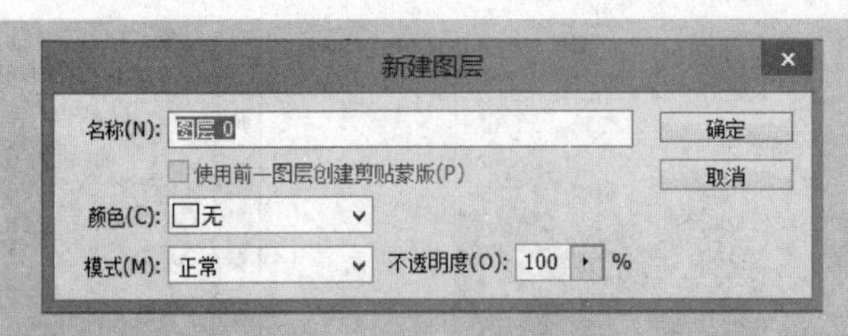

图 1-15　新建图层 0

如果一个图像中没有背景图层，而想建立一个背景图层时，可以按如下方法进行创建，首先选中要作为背景图层的普通图层，然后单击菜单“图层”下“新建”子菜单中的“图层背景”命令即可，如图 1-16 所示。新建立的背景图层将出现在“图层”面板的最底部，并使用当前所选的背景色作为背景图层的底色。

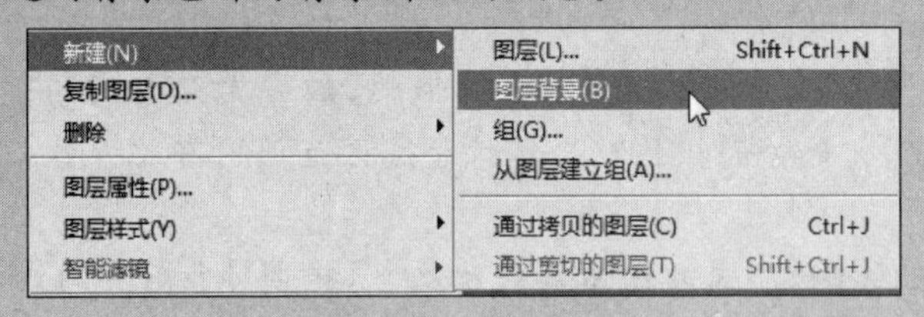

图 1-16　新建背景图层

(3) 单击背景图层，按组合键 Alt＋Delete 将前景色白色填充整个画布，如图 1-17 所示。

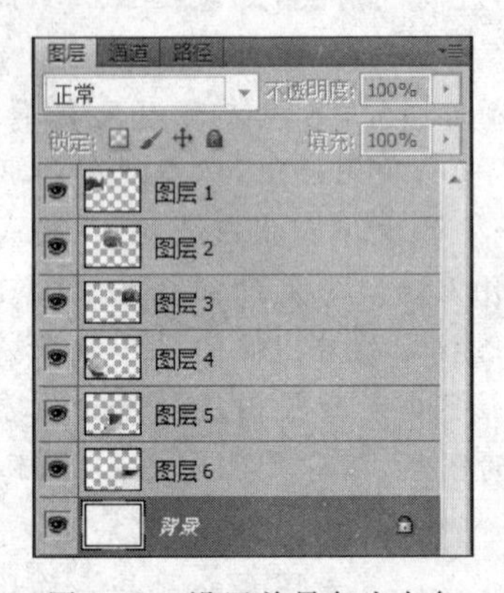

图 1-17　设置前景色为白色

小知识：

前景色：用单色绘制和填充图像时的颜色由前景色决定，例如油漆桶、画笔、铅笔、文字工具和吸管工具在图像中可以直接使用前景色。

背景色：背景色决定了画布的背景颜色，一般情况下背景色不常用。

小贴士：

填充前景色和背景色的方法：在工具箱中，单击 中上面的正方形，则打开“拾色器(前景色)”对话框，如图 1-18 所示，利用它可以选择前景色，然后按 Alt+Delete 键填充整个画布，如果存在选区，则填充整个选区；单击工具中下面的正方形，则打开“拾色器(背景色)”对话框，如图 1-19 所示，利用它可以选择背景色，然后按 Ctrl+Delete 键填充整个画布，如果存在选区，则填充整个选区。

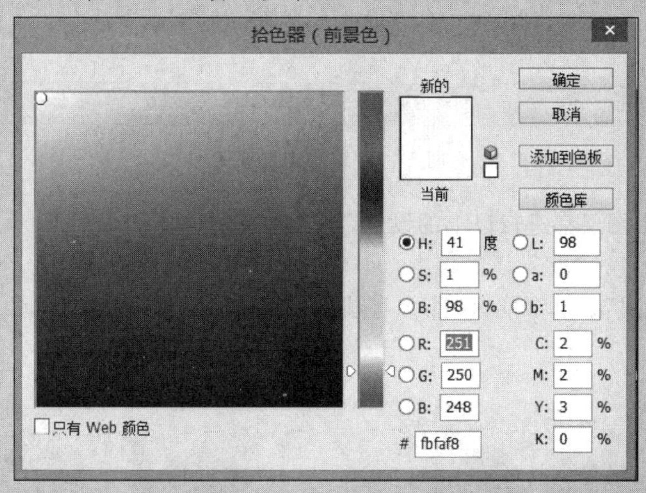

图 1-18 “拾色器(前景色)”对话框

图 1-19 “拾色器(背景色)”对话框

4. 变换图层

(1) 为了使每个图层缩小的比例一致，不使用手动修改，而使用变换的属性修改，选中图层 1，选择“编辑”|“变换”|“缩放”命令，如图 1-20 所示。为了使每个图层缩放比例一

致，这里不采用手工修改，而使用“变换”的属性修改，具体数值如图 1-21 所示。

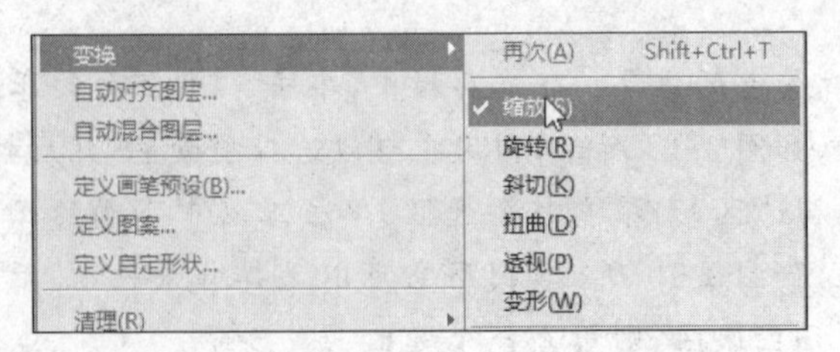

图 1-20 执行“编辑”|“变换”|“缩放”命令

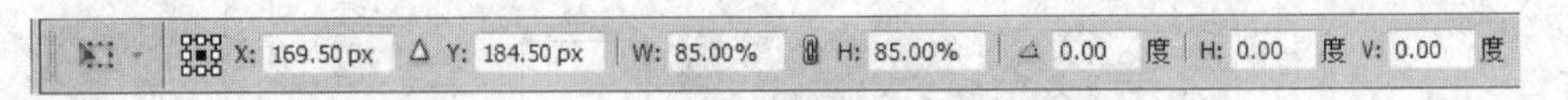

图 1-21 缩小图层设置

(2) 对每一个图层都进行以上的设置，将高和宽的比值设置为 85%。图像的效果如图 1-22 所示。

(3) 单击“视图”菜单下的“清除参考线”命令，清除图像参考线，最终的图像效果如图 1-23 所示。

图 1-22 缩小图层的图像效果

图 1-23 清除参考线后的图像效果

(4) 单击“文件”菜单，在下拉菜单中选择“存储为”，打开“存储为”对话框，在该对话框中设置文件名为图书馆.psd、文件格式为默认的 Photoshop(＊.psd;＊.pdd)、文件保存在素材文件夹下，设置好后，单击“保存”按钮即可。

在编辑图像文件时，为了避免因意外导致正在编辑的信息丢失，需要经常对图像执行保存操作。要保存文件，单击“文件”菜单，在下拉菜单中选择“存储”或者按 Ctrl+S 键。

小知识：

自由变换、变换和变换选区的区别：自由变换和变换就是把图层中的内容根据需要变换。而变换选区只是把所选择的区域(虚线框)改变，而不改变图层内的内容，如图 1-24～图 1-26 所示。

图 1-24　矩形选区

图 1-25　自由变换旋转效果图

图 1-26　变换选区旋转效果图

小贴士：

删除参考线的另一种方法：选中参考线，拖动鼠标将参考线拖回标尺。

隐藏参考线和标尺：单击“视图”菜单，在下拉菜单中选择“显示额外内容”或者按Ctrl＋H 键，去除该命令前的对勾，如图 1-27 所示。如需显示参考线和标尺，则再单击此命令或者再按 Ctrl＋H 键，使其该命令前有对勾。

有时为了使图像看起来更具动感，更加生动，可以通过“自由变换”命令将图像进行旋转，选中需要进行自由变换的图层，单击“视图”菜单，在下拉菜单中选择“自由变换”或者按 Ctrl＋T 键进行自由变换，将鼠标指针移动到矩形块的各个顶点旁边，当其变为双向箭头如↷时移动方向，这样照片看起来就有动感，如图 1-28 所示。

图 1-27　“显示额外内容”命令

图 1-28　“自由变换”旋转

小贴士：

在编辑图像时，发现已经设置好的图像大小不符合要求时，可按以下方法对画布的大小进行调整。单击“图像”菜单，在下拉菜单中选择“画布大小”，打开“画布大小”对话框，对画布大小进行设置，如图 1-32 所示。直接输入想要更改的尺寸大小，为保留画布的原本比例，必须勾选“相对”复选框。

1.1.4 扩展练习

利用 Photoshop CS5 制作秋天水果四格图像，效果如图 1-29 所示。

图 1-29 秋天水果丰收效果图

1.2 照片合成

照片是我们每天都能接触的事物，一篇文章少不了照片，一篇新闻少不了照片，只有图文并茂才会更引人入胜。但通常遇到的问题是当需要一种图片，但这种图片需要加入一些不同形式的表现方式，例如需要一幅风景画，希望把自己或者指定某一个人融入到这个风景里等各种需求，这就需要照片合成技术，所谓照片合成，就是将处于不同环境不同光照等各种不同条件下的多张图片组合成一张新的图片，当然也可以是各张图片中的某个部分的组合。在此过程中特别要注意协调好合成图片的色调、所处环境、光感、光照位置，使合成后的图片看上去仍然是个自然、和谐的整体。Photoshop 提供了许多工具来完成照片合成，本节将讲解如何利用 Photoshop 快速合成照片。

1.2.1 案例描述

利用 Photoshop 相关设计工具制作完成照片的合成，如图 1-30 所示。

1.2.2 案例分析

图 1-30 照片合成图

照片合成主要是为照片更换背景、偏色校正，以及照片美化等。例如，为照片更换背景、为人物更换发型、照片偏色校正，以及照片美化等。

参照案例样图，通过分析，要完成图 1-30 所示效果需要以下知识点：

(1) 抠图工具、操作选区；

(2) 图层操作；

(3) 路径和选区的相互转换；

(4) 图像色彩调整。

参照案例图像效果分析可得，要完成该效果需要进行以下工作：

(1) 对兔子进行抠图；

(2) 复制兔子到“场景”图中合适位置；

(3) 更改兔子面部为熊猫脸；

(4) 保存图像。

1.2.3 案例实施

1. 对兔子进行抠图

1) 复制背景图层

(1) 启动 Photoshop CS5，打开图像文件“兔子.jpg”和“场景.jpg”。

(2) 在“场景.jpg”图像中，右击图层面板中的背景图层，在弹出的快捷菜单中单击“复制图层”命令，如图 1-31 所示，打开“复制图层”对话框，单击“确定”按钮，则生成“背景副本”图层，如图 1-32 所示。

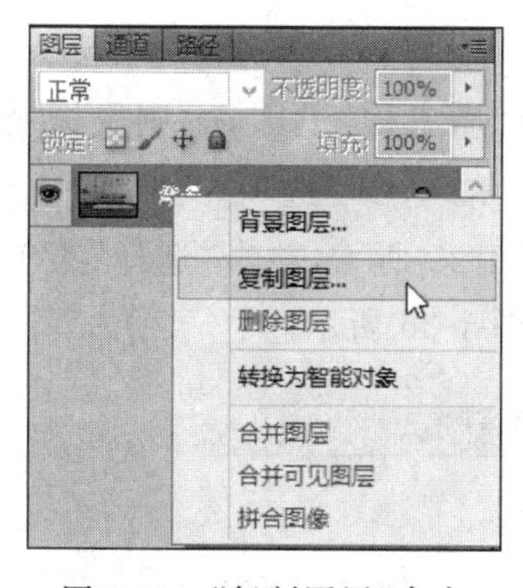

图 1-31 “复制图层”命令

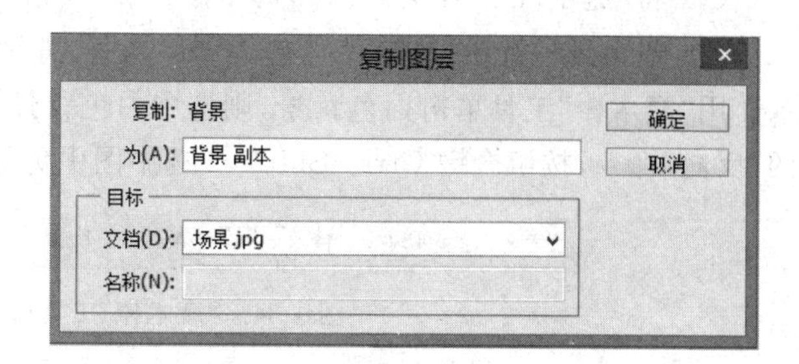

图 1-32 “复制图层”对话框

小贴士：

复制图层：复制图层是较为常用的操作，可将某一图层复制到同一图像中，或者复制到另一幅图像中。一般来说，有以下两种情况：

(1) 在同一图像中复制图层

当在同一图像中复制图层时，可以用下面介绍的几种方法来完成复制图层的操作。

用鼠标拖放复制：方法是在"图层"面板中选中要复制的图层，然后将图层拖动至浮动窗口底部的"创建新的图层"按钮 上。

使用菜单命令复制：首先选中要复制的图层，然后选择"图层"菜单或"图层"面板菜单中的"复制图层"命令，打开"复制图层"对话框，如图 1-33 所示。在"为"文本框中可以输入复制后的图层名称，在"目标"选项组中可以为复制后的图层指定一个目标文件，在"文档"下拉列表框中列出当前已经打开的所有图像文件，从中可以选择一个文件以便在复制后的图层上存放；如果选择"新建"选项，则表示复制图层到一个新建的图像文件中，此时"名称"文本框将被激活，用户可在其中为新文件指定一个文件名，单击"确定"按钮即可将图层复制到指定的新建图像中。

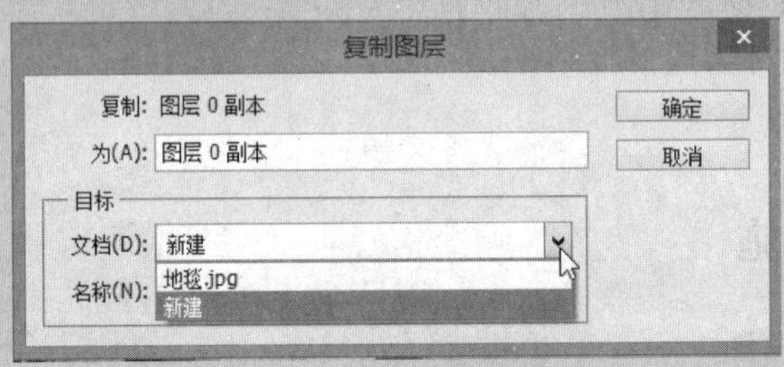

图 1-33 "复制图层"对话框新建图层

(2) 在不同图像之间复制图层

使用"移动工具"拖放复制。先打开要进行复制和被复制的图像，单击工具箱中的移动按钮 ，接着单击并拖曳鼠标，将被复制图像拖至另一个图像中。

2) 对兔子选区进行收缩和羽化

(1) 将"兔子.jpg"作为当前编辑图像，在工具箱中单击"魔术棒"工具 ，则鼠标变为 形状，在工具栏选项中，设置容差为 10，选中"消除锯齿"和"连续"选项。如图 1-34 所示。用"魔术棒"工具单击白色背景，则选中白色背景，如图 1-35 所示，单击"选择"菜单中的"反向"命令，按组合键 Ctrl+Shift+I 选中图中兔子，如图 1-36 所示。

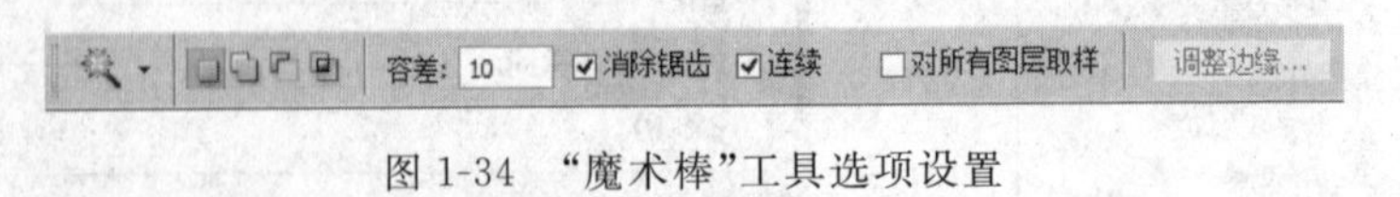

图 1-34 "魔术棒"工具选项设置

(2) 单击菜单"选择"中"修改"子菜单下的"收缩"命令，如图 1-37 所示，打开"收缩选区"对话框，将收缩量设置为 2 像素，如图 1-38 所示。单击菜单"选择"中"修改"子菜单下的"羽化"命令，打开"羽化选区"对话框，将羽化半径设置为 1 像素，如图 1-39 所示。

图 1-35 “魔术棒”单击白背景后效果

图 1-36 执行“反向”命令后的效果

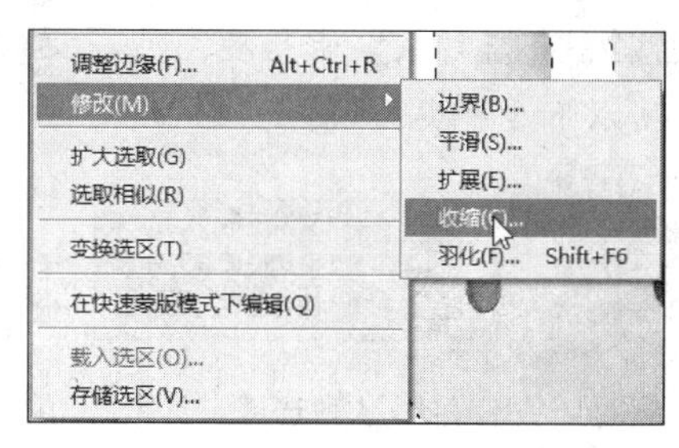

图 1-37 收缩选区

图 1-38 “收缩选区”对话框

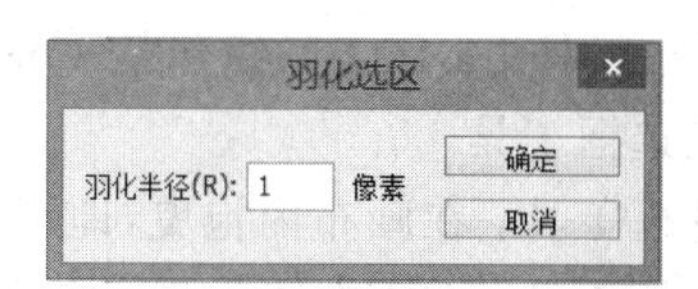

图 1-39 “羽化选区”对话框

小知识：

修改选区：当建立选区后，单击“选择”菜单下的“修改”子菜单下的各个命令来修改选区，包括边界、平滑、扩展、收缩及羽化命令，如图 1-40 所示。

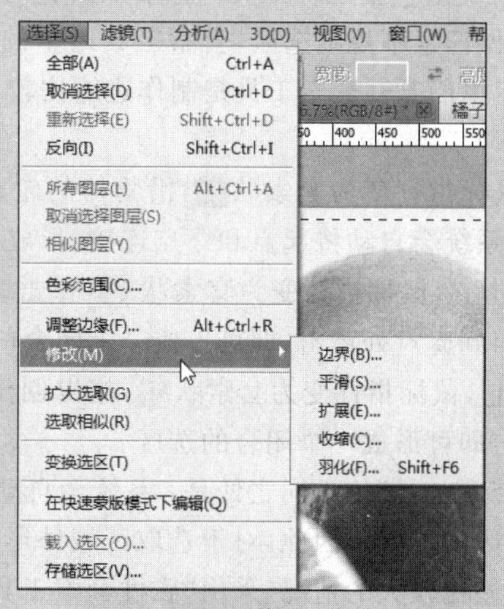

图 1-40 “修改”菜单

边界：使选区边界线外增加一条扩展的边界线，两条边界线所围的区域为新的选区。

平滑：使选区边界线平滑。

扩展：使选区边界线向外扩展。

收缩：使选区边界线向内收缩。

羽化：就是使被选定范围的图像边缘达到朦胧的效果。羽化半径值越大，朦胧范围越宽，羽化半径值越小，朦胧范围越窄。如果对羽化效果把握不准可以将羽化半径值设置得很小，重复按 Delete 键，逐渐增大朦胧范围，从而选择自己需要的效果。羽化效果可以将图像很自然地融入其他图层里，如果没有羽化，被选取的选区经过处理后，边缘非常明显，而且与其他图层合并后效果非常生硬。

创建选区工具主要包括以下 4 种类型(图 1-41)：

图 1-41　4 种选区工具

(1) 选框工具组：该工具组包括 4 种工具，即矩形选框工具、椭圆选框工具、单行选框工具和单列选框工具。

矩形选框工具：在画布内拖曳，即可创建一个矩形选区。

椭圆选框工具：在画布内拖曳，即可创建一个椭圆选区。

按住 Shift 键，同时拖曳，可创建一个正方形或圆形选区；按住 Alt 键，同时拖曳，可创建一个以单击点为中心的矩形或椭圆形选区。按住 Shift＋Alt 键，同时拖曳，可创建一个以单击点为中心的正方形或圆形选区。

单行(单列)选框工具：单击画布窗口内，可创建一行(列)单像素选区。

(2) 套索工具组：该工具组包括三种工具：套索工具、多边形套索工具、磁性套索工具。第一个套索工具用于做任意不规则选区，套索工具组里的多边形套索工具用于做有一定规则的选区，而工具组里的磁性套索工具是制作边缘比较清晰，且与背景颜色相差比较大的图片的选区。

套索工具：单击它，鼠标指针变为套索状，沿物体的轮廓拖曳，可创建一个不规则选区，当松开鼠标左键时，系统会自动将起点和终点连接，形成一个闭合区域。

多边形套索工具：单击它，鼠标指针变为套索状，单击多边形选区的起点，再依次单击选区各个顶点，最后回到起点处单击，即可形成一个闭合的多边形选区。

磁性套索工具：单击它，鼠标指针变为套索状，拖曳创建选区，最后回到起点，当鼠标指针出现小圆圈时，单击即可形成一个闭合的选区。

“磁性套索工具”与“套索工具”的不同之处是：系统会自动根据鼠标拖曳出的选区边缘的色彩对比度来调整选区的形状。因此，对于选取区域外形比较复杂的图像，同时又与周围图像的色彩对比度反差比较大的情况，采用“磁性套索工具”创建选区比较方便。

套索工具组的工具栏选项设置，如图 1-42 所示。

羽化: 0 px ☑消除锯齿 宽度: 10 px 对比度: 10% 频率: 57

图 1-42　套索工具组的工具栏选项设置

(3) 快速选择工具和魔棒工具

快速选择工具：单击它，鼠标指针变为⊕形状，在要选取的图像处单击或拖曳，系统会自动根据鼠标指针处颜色相同或相近的图像像素包围起来，创建一个选区，而且随着鼠标指针的移动，选区不断扩大。按住 Alt 键的同时在选区内拖曳，可以减少选区。

魔棒工具：单击它，鼠标指针变为魔术棒形状，在要选取的图像处单击，会自动根据单击处像素的颜色创建一个选区，它把与单击点相连处(或所有)颜色相同或相近的像素包含进去。

(4) 利用命令

选取整个画布为一个选区：单击“选择”菜单中的“全选”命令或按 Ctrl＋A 键。

反选选区：单击“选择”菜单中的“反向”命令或按 Shift＋Ctrl＋I 键。

扩大选区：在已经有了一个或多个选区后，要扩大与选区内颜色和对比度相同或相近区域为选区，可以单击“选择”菜单下的“扩大选取”命令，图 1-43 执行“扩大选区”命令后的效果如图 1-44 所示。

图 1-43　创建一个选区

图 1-44　扩大选区

选区相似：如果已经有了一个或多个选区，要创建选中与选区内颜色和对比度相同或相近的像素的选区，可单击“选择”菜单下的“选区相似”命令。图 1-43 执行“选区相似”命令后的效果如图 1-45 所示。

扩大选区时在原选区基础上扩大选取范围，选区相似可在整个图像内创建多个选区。

2. 复制兔子到“场景”图中合适位置

1) 复制兔子选区并粘贴到“背景 副本”图层

按 Ctrl＋C 键将兔子选区进行复制，在图像“场景.jpg”中，单击“背景 副本”图层，按 Ctrl＋V 键进行粘贴，则自动生成“图层 1”，如图 1-46 所示。

2) 调整兔子的大小和位置

单击兔子，单击“编辑”菜单下的“自由变换”命令，在工具选项栏中设置缩小比例为 40％，如图 1-47 所示，拖动鼠标调整兔子的位置，效果如图 1-48 所示。

图 1-45 选区相似

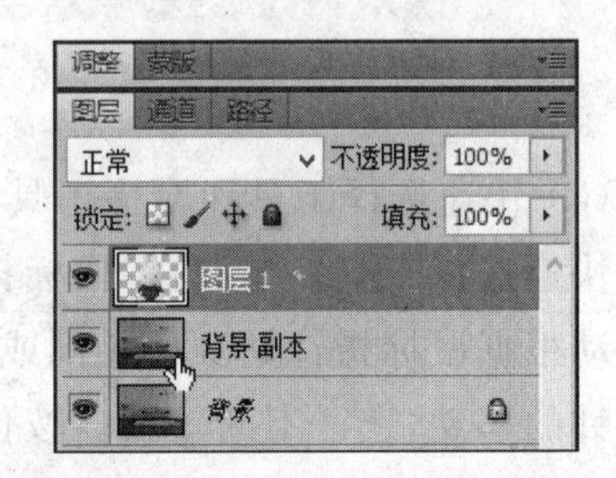

图 1-46 复制兔子选区后生成图层 1

图 1-47 “自由变换”命令设置缩小比例为 40%

3）使用“仿制图章工具”仿制地毯

单击常用浮动面板中的“背景 副本”图层，在工具箱中右击 按钮，选择“仿制图章工具”，如图 1-49 所示，单击 下拉按钮，打开“画笔预设选取器”，设置大小为 18px，硬度为 60%，如图 1-50 所示，选择要被仿制的某处地毯，按住 Alt 键，单击鼠标进行仿制，鼠标变成 图案，在需要绘制的区域按住左键不放拖动，即可绘制仿制的地毯，兔子双脚周围也需仿制地毯，使之与背景更加融合，如图 1-51 所示。

图 1-48 调整比例和位置后的效果图

图 1-49 选择“仿制图章工具”

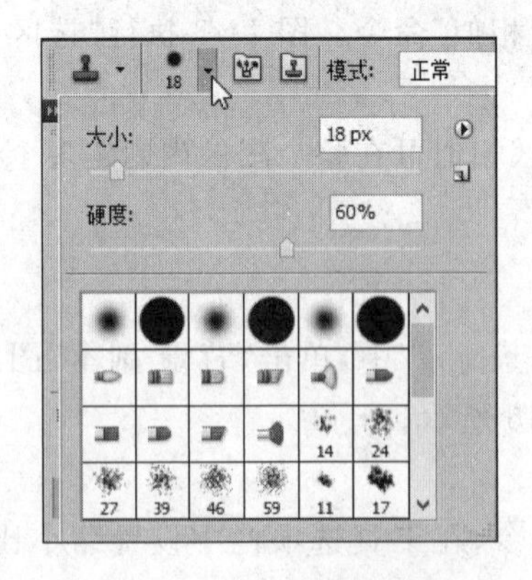

图 1-50 画笔预设选取器

图 1-51 使用“仿制图章工具”后的效果

小知识：

“仿制图章”工具：“仿制图章”工具是 Photoshop 软件中的一个工具，用来复制取样的图像。仿制图章工具是一个很实用的工具，它能够按涂抹的范围复制全部或者部分到一个新的图像中。在使用“仿制图章”工具时，会在该区域上设置要应用到另一个区域上的取样点。通过在选项栏中选择“对齐”☑对齐，无论对绘画停止和继续过多少次，都可以重新使用最新的取样点。当“对齐”处于取消选择状态时，将在每次绘画时重新使用同一个样本像素。

属性值设置：

大小：仿制半径的大小，对于仿制面积比较大的图像，可设置值偏大。

硬度：硬度越高，仿制的图像边缘越生硬，反之则越柔和。

例如，“仿制图章工具”“大小”为 18，“硬度”为 60%的仿制效果如图 1-52 所示，“仿制图章工具”“大小”为 40，“硬度”为 100%的仿制效果如图 1-53 所示。

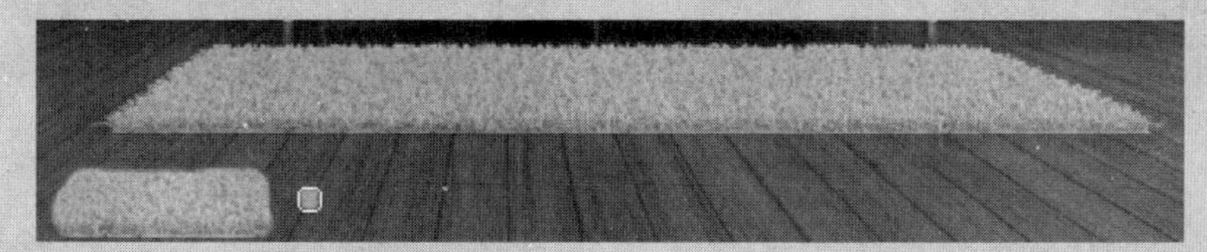

图 1-52 “仿制图章工具”“大小”为 18，“硬度”为 60%的仿制效果

图 1-53 “仿制图章工具”“大小”为 40，“硬度”为 100%的仿制效果

3. 更改兔子面部为熊猫脸

1）选取兔子面部并将选区转化为路径

在“图层 1”中，在工具箱中右击“磁性套索工具”，在快捷菜单中选择“磁性套索工具”，如图 1-54 所示，鼠标变为，“磁性套索工具”属性值的设置如图 1-55 所示，选取兔子的面部，并在“路径面板”中单击窗口最下方的“从选区生成工作路径”按钮，则将选区转换成路径并保存，如图 1-56 所示。

图 1-54 选择“磁性套索工具”

图 1-55 “磁性套索工具”属性值设置

图 1-56 将选区转换成路径并保存

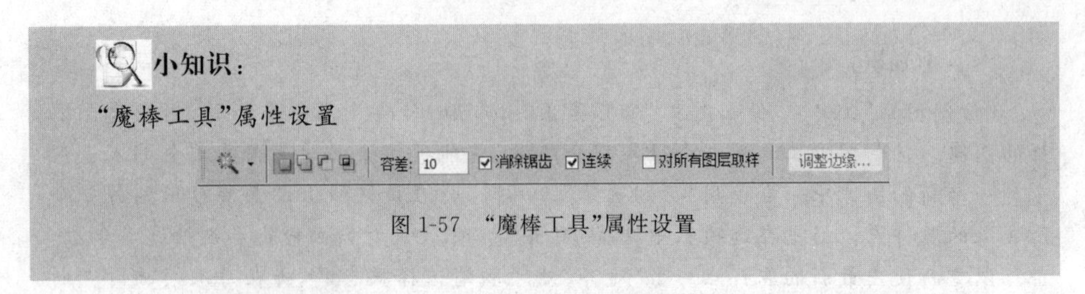

图 1-57　“魔棒工具”属性设置

(1)“容差”文本框：用来设置系统选择颜色的范围，即选区允许的颜色容差值。该数值的范围是 0～255。容差值越大，相应的选区也越大；容差值越小，相应的选区也越小。

例如，如图 1-58 所示，容差为 10，如图 1-59 所示，容差值为 40，如图 1-60 所示，容差值为 90。

图 1-58　容差值为 10

图 1-59、容差值为 40

图 1-60　容差值为 90

(2)“消除锯齿”复选框：当选中该复选框时，系统会将创建的选区的锯齿消除。“连续”复选框：当选中该复选框时，系统将创建一个选区，把与鼠标单击点相连的颜色相同或相近的像素包含进来。当不选中该复选框时，系统将创建多个选区，把画布窗口内所有与单击点颜色相同或相近的图像像素分别包含进去。

(3)“对所有图层取样”复选框：当选中该复选框时，在创建选区时，会将所有可见图层考虑在内；当不选中该复选框时，系统创建选区时，只将当前图层考虑在内。

“磁性套索工具”选项属性：

(1)“宽度”文本框：用来设置系统检测的范围，取值范围为 1～40，当创建选区时，系统将在鼠标指针周围指定的宽度范围内选定反差最大的边缘作为选区的边界。通常，当选取具有明显边界的图像时，可将“宽度”数值调整得大点。

(2)“对比度”文本框：用来设置系统检测选区边缘的精度，该数值的取值范围是1%～100%。当创建选区时，系统将认为在设定的对比度百分数范围内的对比度是一样的。该数值越大，系统能识别的选区边缘的对比度也越高。

(3)“频率”文本框：用来设置选区边缘关键点出现的频率，此数值越大，系统创建关键点的速度越快，关键点出现的也越多。

(4) 按钮：单击该按钮后，可以使用绘图板来更改钢笔笔触的宽度，只有使用绘图板时才有效。再单击该按钮，可以使该按钮抬起。

(5)“调整边缘”按钮：在创建完选区后，单击该按钮，可以调出“调出边缘”对话框。利用该对话框可以像绘图和擦图一样从不同方面来修改选区边缘，可同步看到效果。将鼠标指针移到按钮或滑块之上时，会在其下边显示相应的提示信息。

- 路径

路径是由贝塞尔曲线和形状构成的图形，使用钢笔工具(如图1-61所示)可以创建贝塞尔曲线，使用形状工具可以创建较规则的各种形状路径。贝塞尔曲线是一种以三角函数为基础的曲线，它的两个端点叫节点，也叫锚点。多条贝塞尔曲线可以连在一起，构成路径。路径没有锁定在背景图像像素上，很容易编辑修改。它可以与图像一起输出，也可以单独输出。

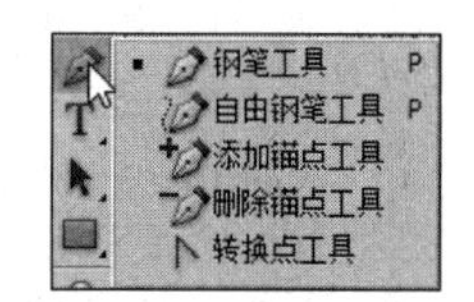

图1-61　钢笔工具组

路径可以是一个点、一条直线或曲线，它通常指有起点和终点的一条直线或曲线。创建路径后，可以使用工具箱内的一些工具来创建路径，可以将路径的形状、位置和大小进行编辑修改，还可以将路径和选区进行相互转换，描绘路径，给路径围成的区域填充内容等。

- 选区和路径的相互转换

路径转化为选区：单击选中“路径”面板中要转换为选区的路径。然后，单击“路径”面板中的“将路径作为选区载入”按钮 ，即可将选中的路径转化为选区。

选择“路径”面板菜单中的“建立选区”命令，如图1-62所示，调出“建立选区”对话框，如图1-63所示。利用该对话框进行设置后单击“确定”按钮，也可将路径转换为选区。

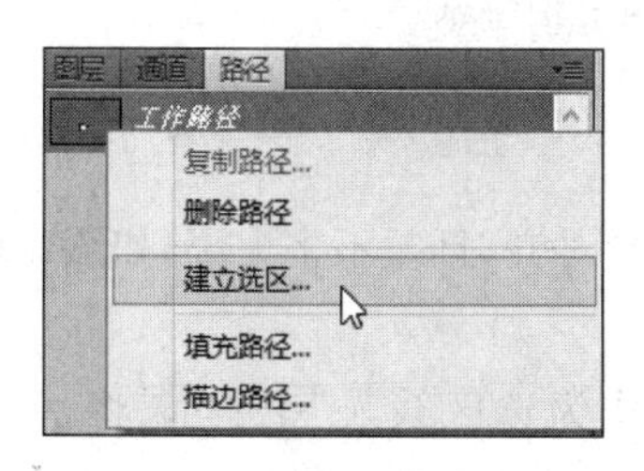

图1-62　路径转化为选区

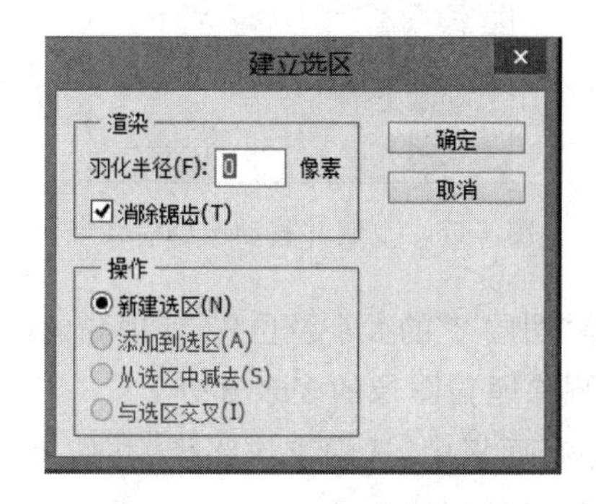

图1-63　“建立选区”对话框

选区转换为路径：创建选区，然后选择“路径”面板菜单中的“建立工作路径”命令，如图 1-64 所示，调出“建立工作路径”对话框，如图 1-65 所示。利用该对话框进行容差设置，再单击“确定”按钮，即可将选区转换为路径。单击“路径”面板中的“从选区生成工作路径”按钮，可以在不改变容差的情况下，将选区转换为路径。

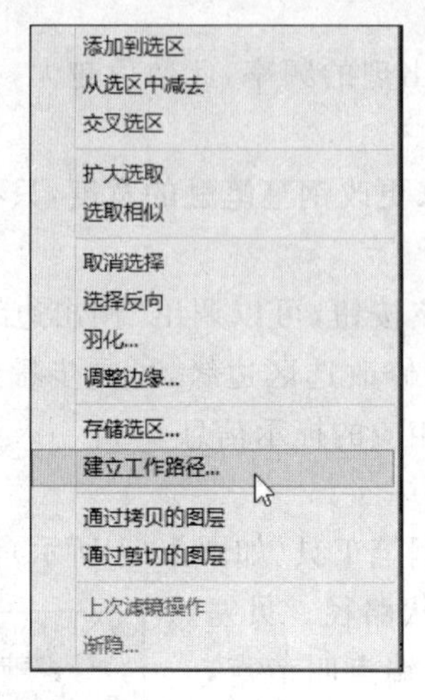

图 1-64　“建立工作路径”命令

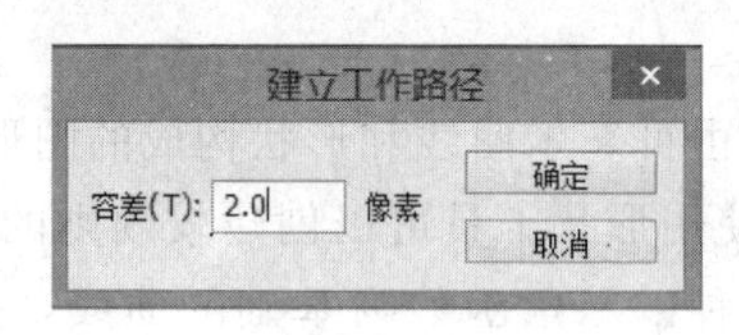

图 1-65　“建立工作路径”对话框

2）放大并移动熊猫图像

打开图像“熊猫.jpg”，根据前述方法复制背景图层，则生成“背景 副本”图层。根据前述方法对该图像进行自由变换，收缩比率为 120%。使用“移动”工具将“熊猫.jpg”全部内容拖动到图“场景.jpg”中并自动生成“背景 副本”图层，双击该图层名称，将名称修改为“图层 2”，将该图层移动到“图层 1”与“背景 副本”层之间，如图 1-66 所示。

3）对图层及图像进行微调

将“图层 1”的“不透明度”调整为 45%，如图 1-67 所示。

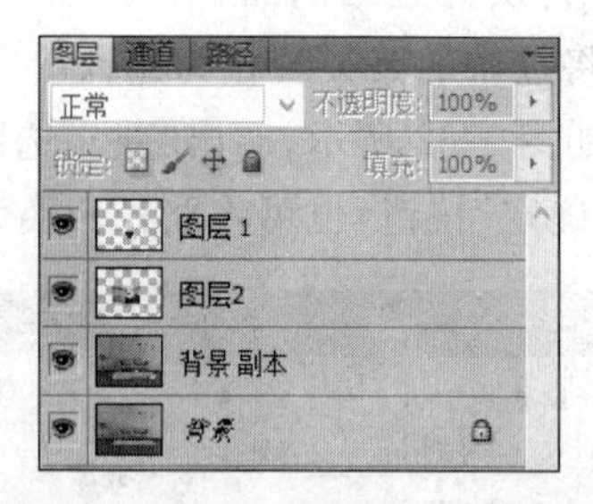

图 1-66　复制并移动图层后结果

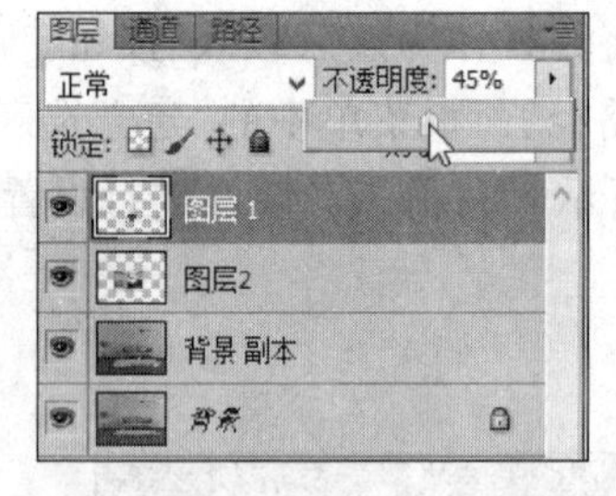

图 1-67　调整“不透明度”

调整“图层 2”的大小及位置，使熊猫的脸与兔子脸对齐，且差不多大小，如图 1-68 所示。

4）删除熊猫图像的多余部分

在路径面板中，选中工作路径，并使用“将路径作为选区载入”工具将工作路径转换为选区。以“图层 2”为工作层，单击“选择”菜单中的“反向”命令，按 Ctrl+Shift+I 键反选熊猫脸部以外部分，按 Delete 键删除多余部分，如图 1-69 所示。

图 1-68　调整熊猫脸的大小和位置

图 1-69　删除熊猫图像的多余部分

5）删除兔子脸

在“图层 1”上，取消选区，并使用工具箱中的“橡皮擦”工具将“图层 2”中的熊猫脸显现出来，同时还可以使用“涂抹工具”，如图 1-70 所示，设置“柔边圆，大小为 15px”，消除面部的硬直边缘，如图 1-71 所示。

图 1-70　涂抹工具

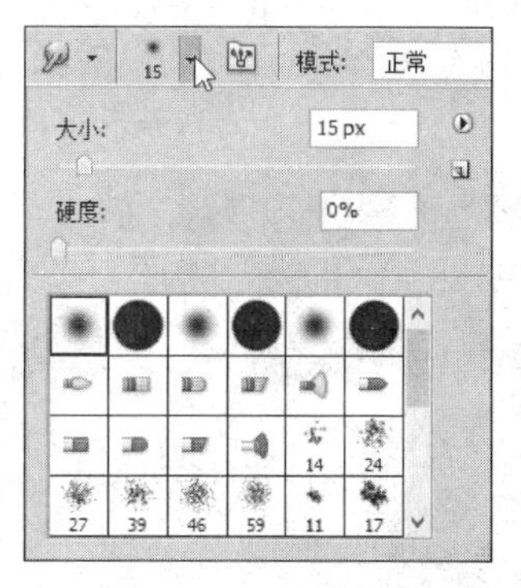

图 1-71　设置涂抹工具属性

6）调整色阶使得熊猫脸自然

按快捷键 Ctrl＋L 打开“色阶”对话框，如图 1-72 所示，调整面部，使合成的面部与整个图像的色调相符，如图 1-73 所示。

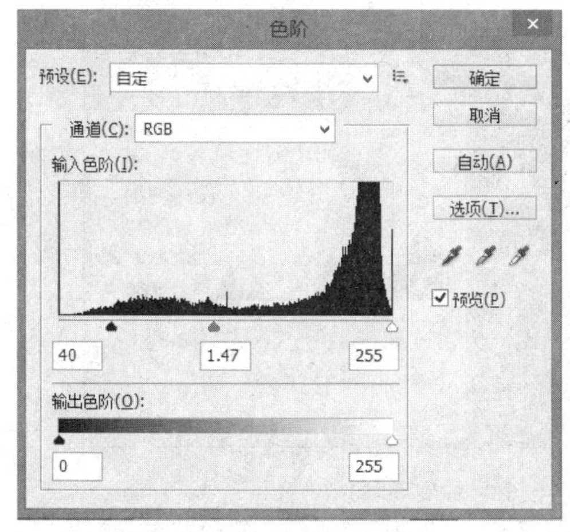

图 1-72　“色阶”对话框

图 1-73　调整色阶后的图像

小知识：

色阶：表示图像亮度强弱的指数标准，也就是色彩指数，在数字图像处理教程中，指的是灰度分辨率（又称为灰度级分辨率或者幅度分辨率）。图像的色彩丰满度和精细度是由色阶决定的。色阶指亮度，和颜色无关，但最亮的只有白色，最不亮的只有黑色。

如图 1-72 所示，图中有黑色、灰色和白色三个小箭头。它们的位置对应“输入色阶”中的三个数值。

其中黑色箭头代表最低亮度，就是纯黑，也可以说是黑场。白色箭头就是纯白。而灰色的箭头就是中间灰。

将白色箭头往左拉动，直到上方的输入色阶第 3 项数值减少到 200，观察图像变亮了，如图 1-74 所示。从 200 至 255 这一段的亮度都被合并了，合并到 255。因为白色箭头代表纯白，因此它所在的地方就必须提升到 255，之后的亮度也都统一停留在 255 上，形成的一种高光区域合并的效果。同样的道理，将黑色箭头向右移动就是合并暗调，直到上方的输入色阶第 1 项数值增加到 60，观察图像变暗了，如图 1-75 所示。

图 1-74 输入色阶第 3 项数值减少到 200 的效果

图 1-75 输入色阶第 1 项数值增加到 60 的效果

灰色箭头代表了中间调在黑场和白场之间的分布比例，如果往暗调区域移动图像将变亮，因为黑场到中间调的这段距离，比起中间调到高光的距离要短，这代表中间调偏向高光区域更多一些，因此图像变亮了，直到上方的输入色阶第 2 项数值减少到 0.75，观察图像变灰了，如图 1-76 所示。灰色箭头的位置不能超过黑白两个箭头之间的范围。

图 1-76　输入色阶第 2 项数值减少到 0.75 的效果

位于下方的输出色阶，就是控制图像中最高和最低的亮度数值。如果将输出色阶的白色箭头移至 200，那么就代表图像中最亮的像素就是 200 亮度。如果将黑色的箭头移至 60，就代表图像中最暗的像素是 60 亮度，如图 1-77 所示。

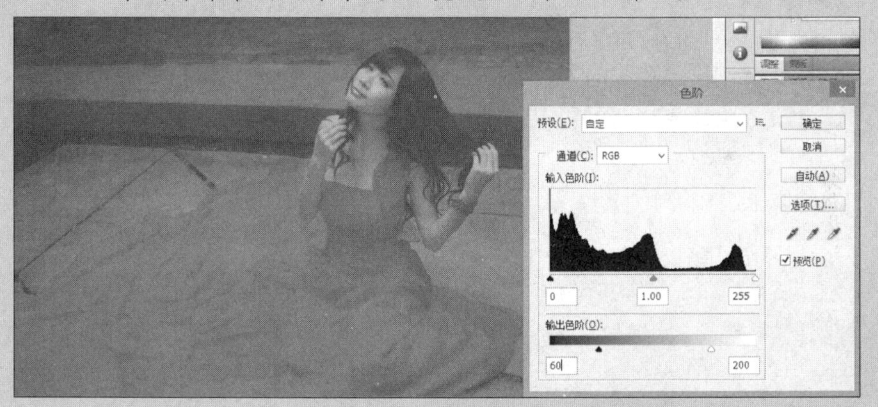

图 1-77　输出色阶第 1 项数值增加到 60 的效果

7）保存作品名称为“人物风景. psd”

2.2.4　扩展练习

利用 Photoshop CS5 制作人物和风景合成图，效果如图 1-78 所示。

图 1-78　人物和风景合成效果图

第2章 图形平面设计

在第1章中介绍了如何利用Photoshop对图像进行处理，本章通过案例介绍如何使用Photoshop图形工具进行绘图海报设计和对相关图形的处理。读者可以在本章案例中学会根据设计处理需求灵活运用抠图、文字、图层、图形、笔刷及钢笔等工具绘制完美图形，并掌握文字工具的相关排版设计技巧。

2.1 制作创意海报

2.1.1 案例描述

利用Photoshop相关设计工具制作完成企业宣传海报，如图2-1所示。

2.1.2 案例分析

图2-1 创意海报

海报属于广告的一种，在人类文明与经济的发展过程中，开启了信息传递的新纪元。设计者根据不同理念及服务需求设计招贴海报完成宣传、报道、广告和教育等目的。商业海报或者公益海报是最为常见的海报形式之一，用于产品或活动的宣传介绍和推广等，企业宣传海报设计是公司最常见的宣传需求，一般而言，宣传海报在普通现有的照片处理基础上需要加入图形的设计融合相关理念和宣传思想。

海报的设计一般来说要遵循一定的设计原则，如单纯、统一、创新和技能等。单纯是指海报的形象与色彩要简单明了；统一是指海报的设计造型与色彩风格要一致和谐；创新是指在海报的形式与内容上要有创新点，足够吸引眼球，过目不忘，给人印象深刻；技能是指在海报设计中加入必要的表现技巧，体现海报展现的层次与水平。

在海报制作设计过程中，首先要理解海报的设计需求与目的，对海报进行创意构思，然后完成海报相关元素的编辑制作。

参照案例样图，通过分析，要完成案例的企业宣传海报的设计工作需要以下知识点：

（1）渐变工具的应用；

（2）图层样式工具的应用；

（3）文字工具的应用。

参照案例企业宣传海报效果图分析可得，要完成企业的宣传海报的背景设计和文字元素的设计制作工作需要进行以下工作：

（1）新建文件图层，完成海报背景基色的制作；

（2）应用素材完成结构制作；

（3）应用文字工具，完成文字设计排版；

（4）保存退出。

2.1.3 案例实施

1. 制作背景基色调

单击任务栏的“开始”按钮，在“开始”菜单中选择“所有程序”列表中的 Adobe Photoshop CS5，打开软件，进入工作界面，完成如下工作：

（1）新建文件，新建图层，设置渐变颜色；

（2）设置渐变，完成图层背景色设置。

1）新建文件，新建图层

（1）单击“文件”菜单，在下拉菜单中选择“新建”或者按快捷键 Ctrl＋N，打开“新建”对话框，创建一个新文件，输入“海报”。参数设置如图 2-2 所示。

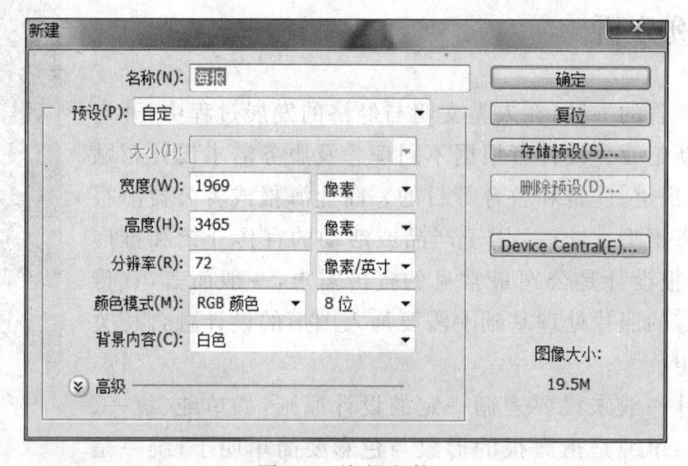

图 2-2 海报文件

（2）单击图层下方的新建图层按钮，新建图层“图层 1”，单击工具栏中的设置渐变工具按钮，选择渐变工具，左上角会出现渐变的工具栏，单击工具栏，出现“渐变编辑器”对话框，如图 2-3 所示。

（3）选中第一个“前景色到背景色渐变”，单击颜色条下方的颜色游标按钮，颜色那栏会出现黑色，单击黑色会出现选择色标颜色对话框，选择颜色为绿色，单击“确定”按钮。参数设置如图 2-4 和图 2-5 所示，效果如图 2-6 所示。

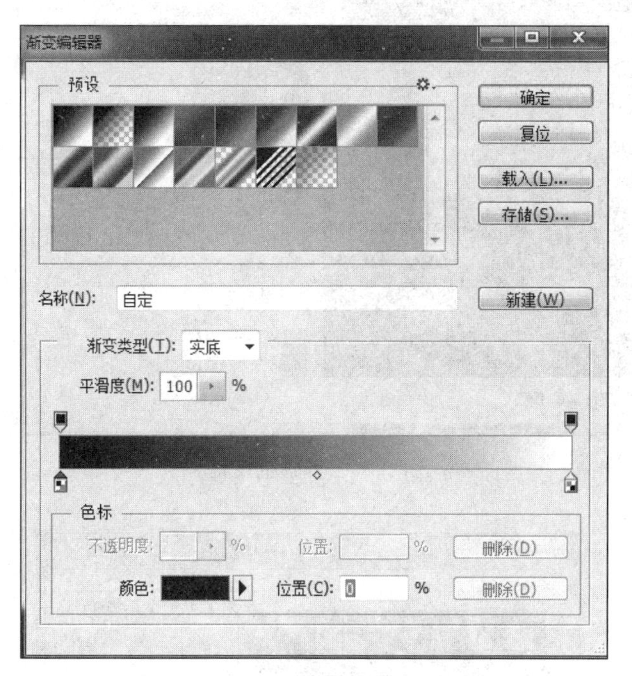

图 2-3　渐变编辑器

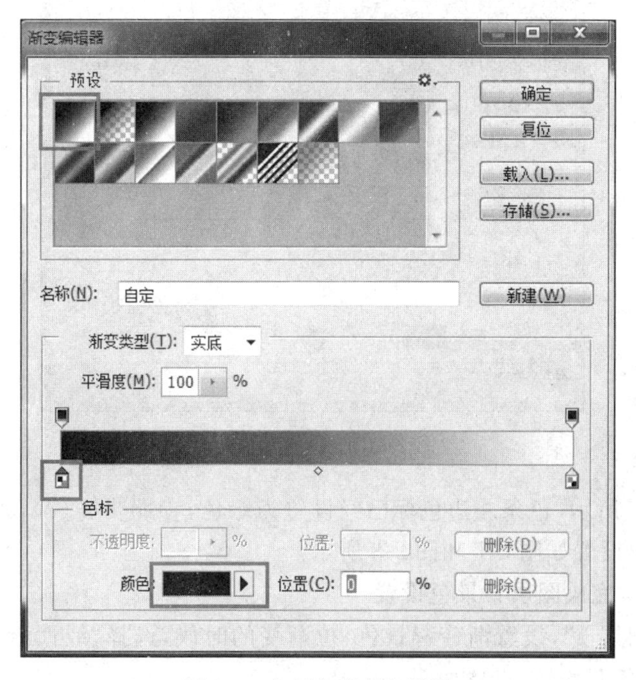

图 2-4　色标与背景色设置

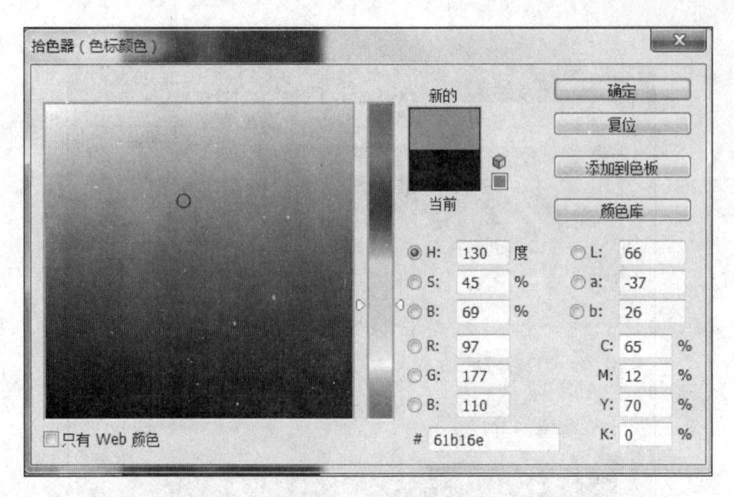

图 2-5　背景色设置

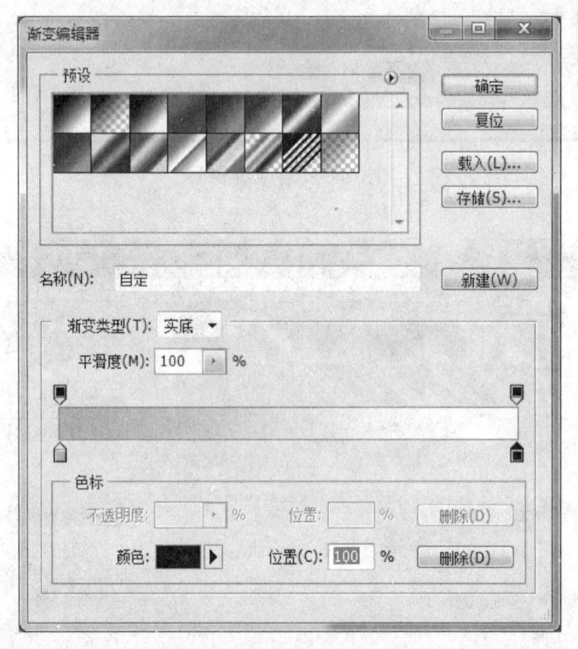

图 2-6　前景色设置效果

（4）如图 2-6 所示，色条左边色标已经设置为绿色，参照步骤（3），将右边色标颜色设置为淡绿色，参数设置如图 2-7 和图 2-8 所示。

2）设置渐变，完成图层背景色设置

选择图层“图层 1”，设置渐变背景色，拉渐变的时候，选择“线性渐变”，从图的右下角往左上角开始拉，设置如图 2-9 所示。

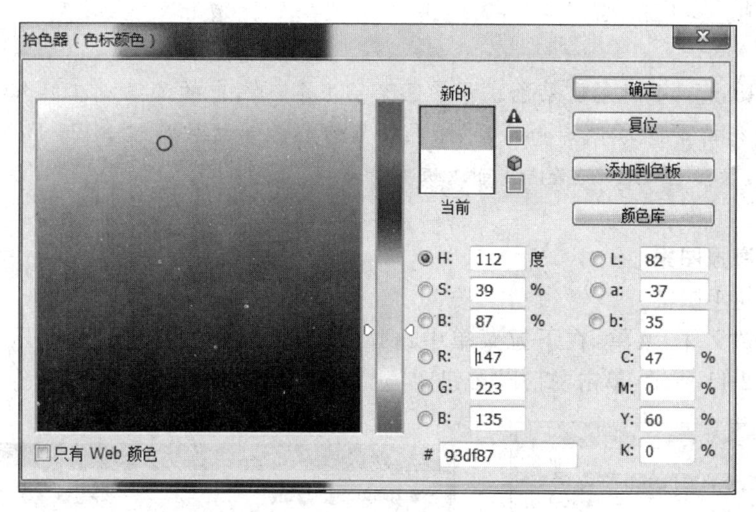

图 2-7　色标淡绿色设置

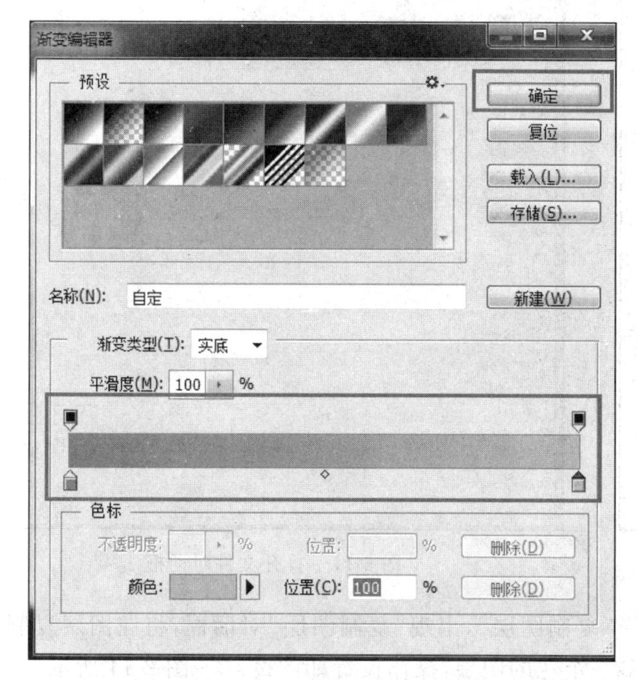

图 2-8　前景色与背景色设置效果

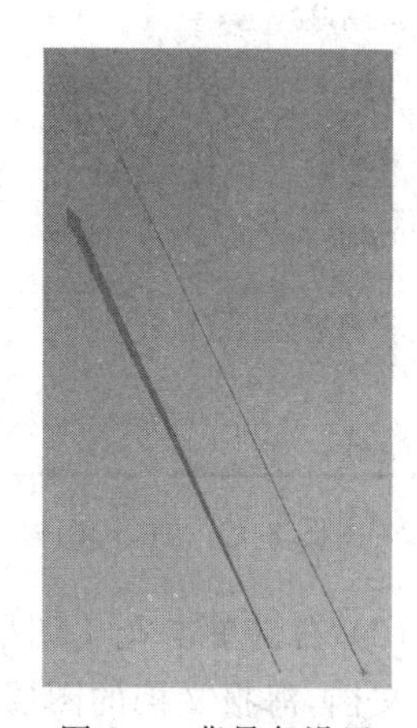

图 2-9　背景色设置

小贴士：

- 安装 Adobe Photoshop CS5 后，桌面有 Adobe Photoshop CS5 的快捷方式，通过双击桌面快捷方式也可以启动 Adobe Photoshop CS5。
- 启动 Adobe Photoshop CS5 后，系统不生成默认文件与图层，需要自己新建。

小知识：

在 Photoshop 中填充前景色或背景色除了用工具栏中的油漆桶工具外，还可以通过快捷键进行前景色与背景色的设置，在设置好颜色后按快捷键 Alt＋Delete 可以填充前景色，按快捷键 Ctrl＋Delete 可以填充背景色。

2. 制作海报图案

1）设置花 1 图案

（1）单击“文件”菜单，在下拉菜单中选择“打开”，如图 2-10 所示，打开一个新文件“花 1”，如图 2-11 所示，单击“打开”按钮。

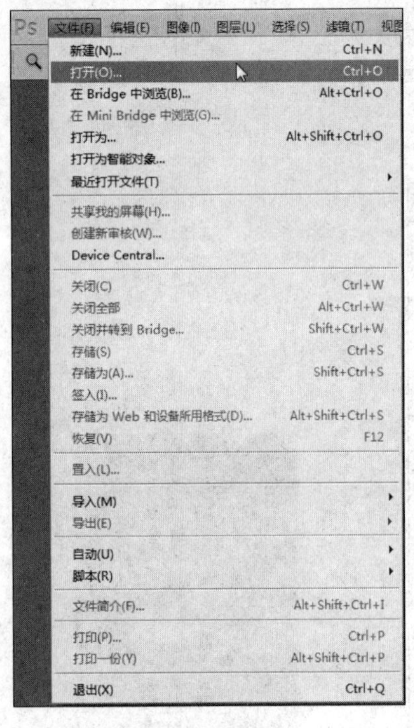

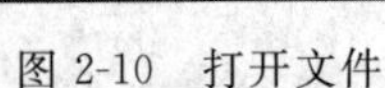

图 2-10　打开文件

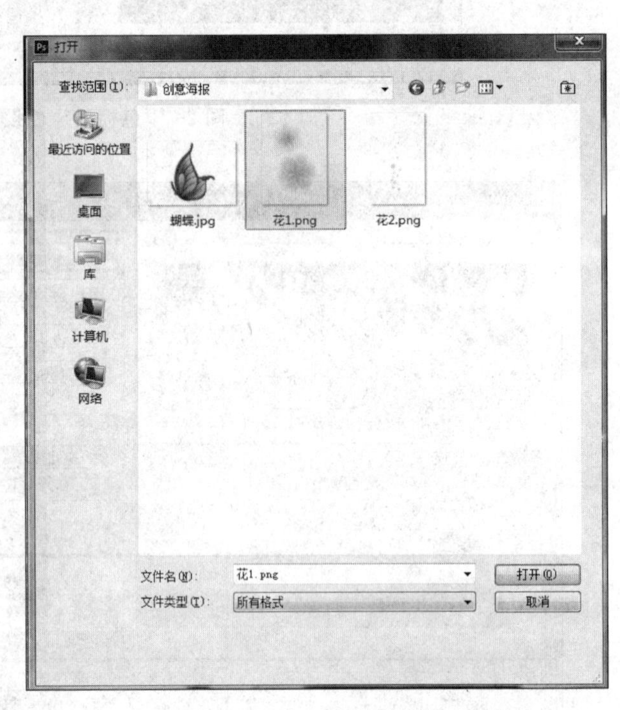

图 2-11　打开文件对话框

（2）右键单击花 1 图层，选择“复制图层”，出现“复制图层”对话框，将花图层复制到海报文档，海报文档的图层中会多一个花的图层，操作设置如图 2-12～图 2-14 所示。

小知识：

两个文档之间移动相关图层图案，也可以通过工具栏中的移动工具，在两个文档图层之间进行拖曳图案完成移动复制。

（3）选中复制过来需要编辑的花图层，在“编辑”下拉菜单中选择“自由变换”，将图层图案通过拖曳变形到案例中的样式，然后按 Enter 键确定形变修改，将复制的图层按图拖到相对应的位置。操作如图 2-15～图 2-17 所示。

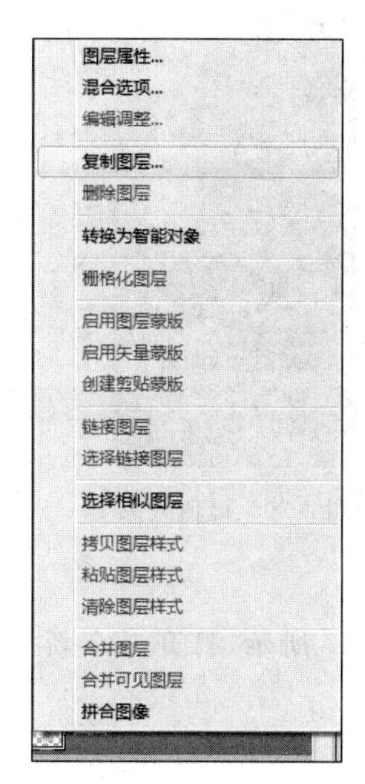

图 2-12　复制图层

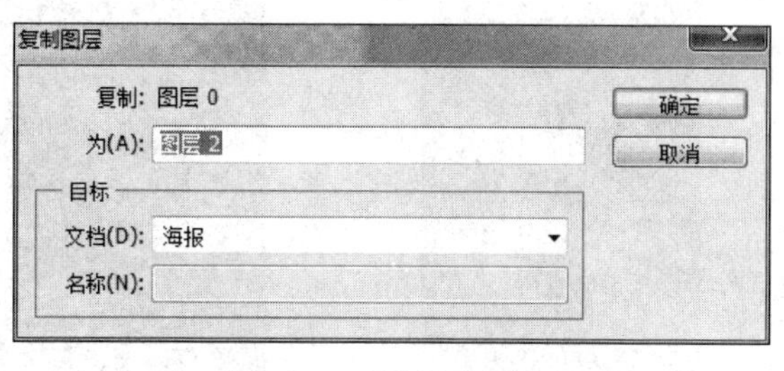

图 2-13　图层复制设置

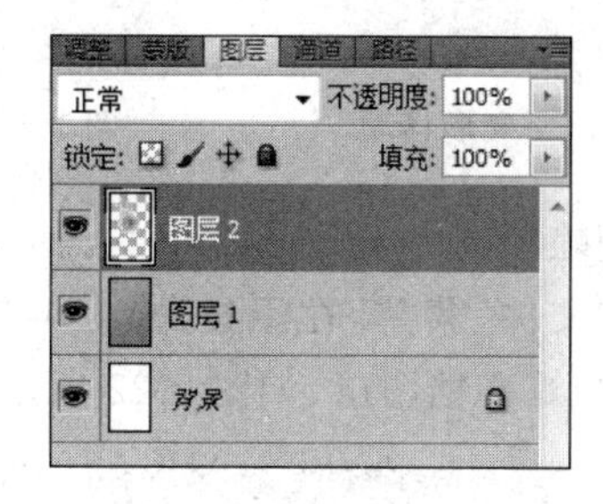

图 2-14　复制效果

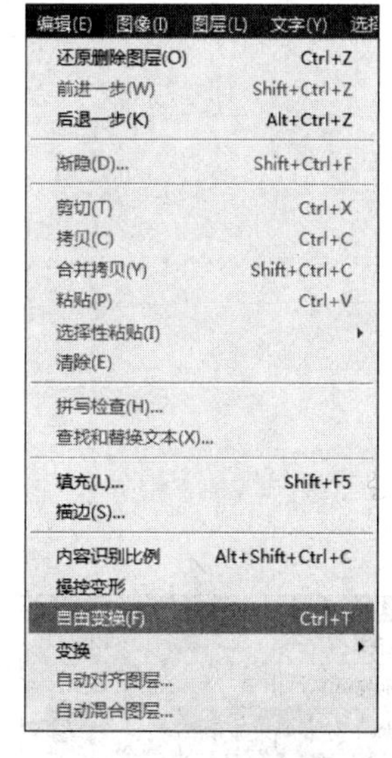

图 2-15　自由变换

图 2-16　图形变换

图 2-17　移动形变后的图案

小知识：

对图层图案的自由变换除了通过“编辑”下拉菜单选择“自由变换”，也可以通过键盘快捷键 Ctrl＋T 完成。

(4) 复制花图层，参照(3)操作，设置其他图层形变与移动设置。操作及最终效果如图 2-18～图 2-20 所示。

图 2-18　变形移动

图 2-19　效果图

图 2-20　最值效果

2）设置蝴蝶图案

(1) 单击“文件”菜单，在下拉菜单中选择“打开”，如图 2-21 所示，打开一个新文件“蝴蝶 ”，出现蝴蝶文档图层，如图 2-22 所示。

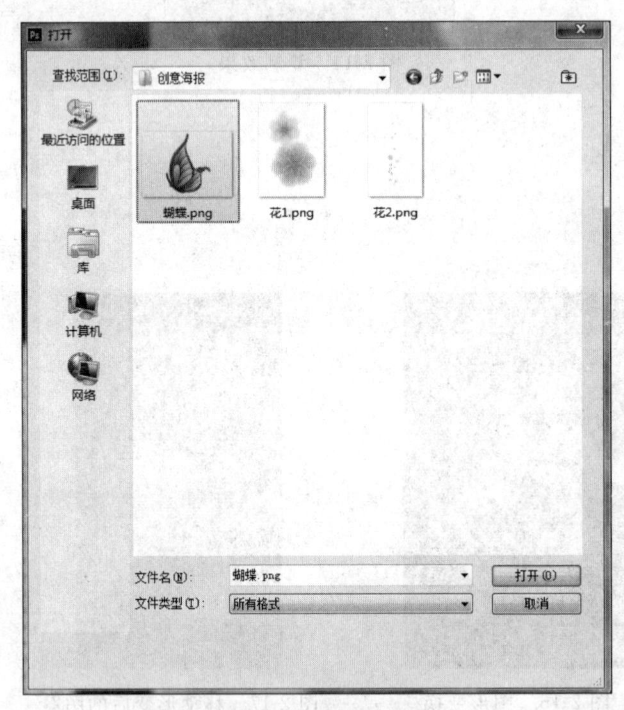

图 2-21　打开图片素材

图 2-22　蝴蝶图层

(2) 参照花图层操作，将蝴蝶拖到海报文档图层的对应位置，效果如图 2-23 所示。

(3) 复制蝴蝶图层，根据自由变形工具，将复制的蝴蝶变成相对应的大小，并且拖到相对应的位置，如图 2-24 所示。

3）设置花 2 图案

单击“文件”菜单，在下拉菜单中选择“打开”，打开一个新文件“花 2 ”，按照花 1 的操作步骤将花 2 移动变形到对应的位置，效果如图 2-25 所示。

图 2-23　蝴蝶移动效果

图 2-24　蝴蝶形变移动

图 2-25　图案效果

3. 制作文字效果

1）输入“春”图层文字内容

（1）单击工具栏中的文字工具T，在图中适当位置输入汉字“春”，如图 2-26 所示。

小贴士：

PS 中使用文字工具输入文字时，软件会自动生成一个文字图层，不需要新建图层。

（2）单击“窗口”下拉菜单中的“字符”选项，调出“字符段落”设置对话框。操作与设置参数如图 2-27 与图 2-28 所示。

图 2-26　输入文字

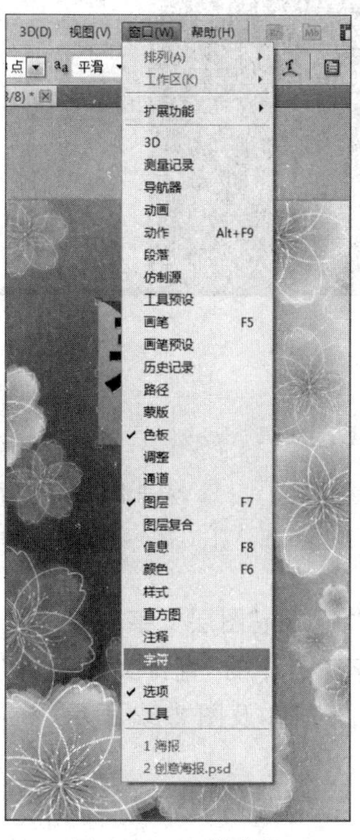

图 2-27　字符菜单

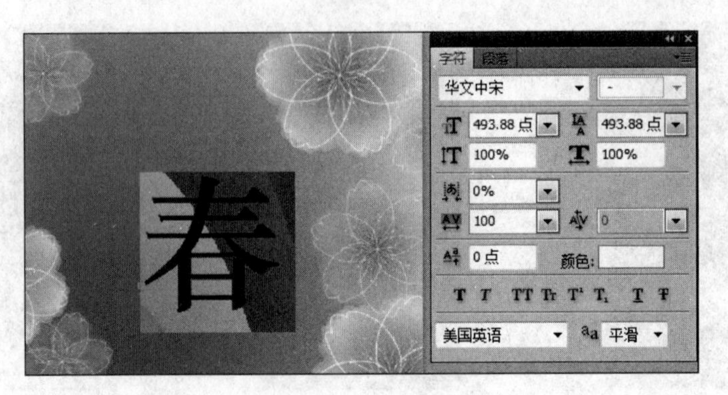

图 2-28　文字设置

2）设置“春”图层样式

设置“春”的图层样式。双击“春”字图层，出现图层样式设置对话框，投影选择打钩，并设置相关数值，操作参数设置效果如图 2-29 及图 2-30 所示。

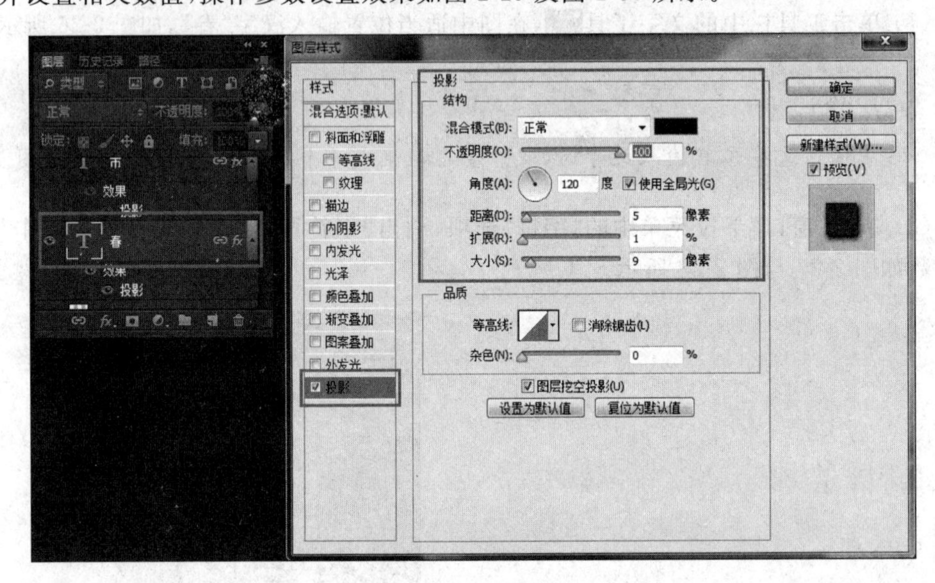

图 2-29　图层样式

小贴士：

设置图层样式，除了双击图层，也可以在选中图层的情况下，单击图层面板下方的“新建图层”按钮。

3）输入“Spring”图层文字内容

选择文字工具中的“直排文字工具”，在图中将“SPRING 上市”字打出来，拖到相对应的位置，如图 2-31 及图 2-32 所示。

图 2-30　投影设置效果

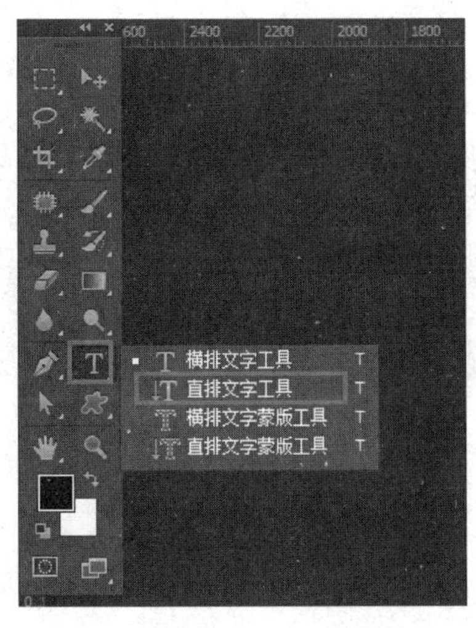

图 2-31　直排文字工具图

图 2-32　输入直排文字

4）设置“Spring”图层样式

（1）选中“春”子图层，右击该图层空白处，选择“拷贝图层样式”，如图 2-33 所示。

（2）单击选中“SPRING 上市”图层，右击空白处，选择“粘贴图层样式”，将第（1）步复制的“春”字图层的效果拷贝应用到“SPRING 上市”图层，如图 2-34 和图 2-35 所示。

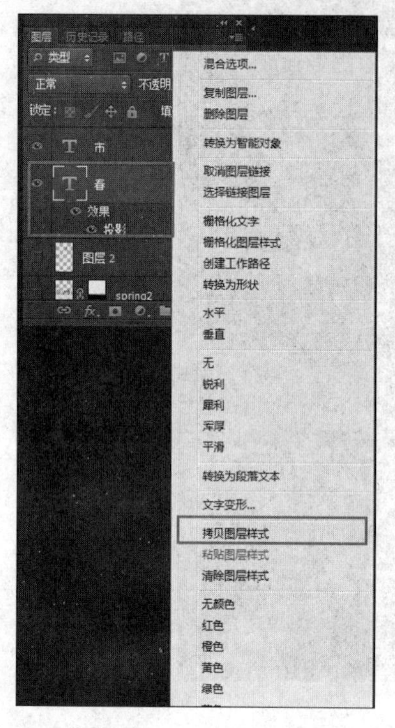

图 2-33　拷贝图层样式

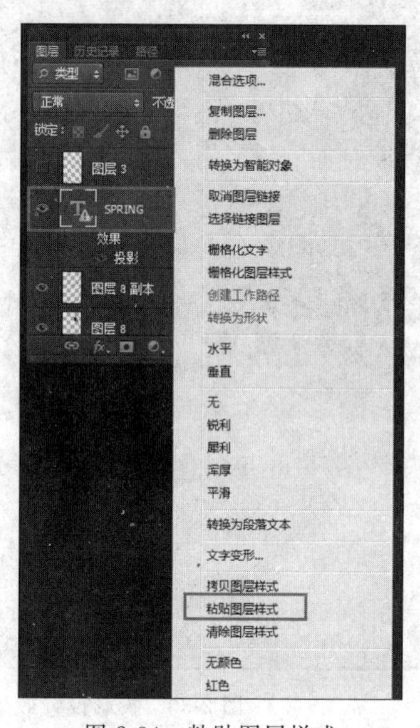

图 2-34　粘贴图层样式

图 2-35　字的效果图

小贴士：

- “SPRING 上市”图层的样式设置除了从其他图层复制样式粘贴应用，也可以通过双击或者单击图层样式按钮进行具体样式的设置。
- 在图层样式中设置对话框中除了案例中应用到的“投影”还有很多设置选项，可以设置完成很棒的图案效果，读者可以在实际应用中根据需要进行样式效果设置。

2.1.4　扩展练习

利用 Photoshop CS5 制作中秋彩页图像，效果如图 2-36 所示。

图 2-36　中秋彩页

2.2　手拎袋设计

2.2.1　案例描述

利用 Photoshop 相关设计工具制作完成手拎袋设计，如图 2-37 所示。

2.2.2　案例分析

图 2-37　手拎袋设计

参照案例样图，通过分析，要完成案例的手拎袋设计工作需要以下知识点：

(1) 图层与样式应用；

(2) 钢笔工具的应用。

参照案例手拎袋效果图分析可得，要完成手拎袋设计制作工作需要进行以下工作：

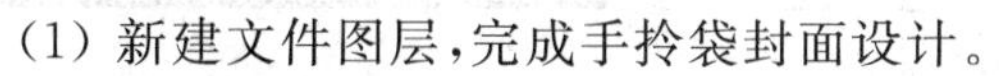

(1) 新建文件图层，完成手拎袋封面设计。

(2) 利用钢笔工具完成手拎袋侧面设计。

(3) 制作手拎袋线孔设计。

(4) 制作手拎袋带子与封面花纹设计。

2.2.3 案例实施

1. 制作手拎袋封面

单击任务栏的“开始”按钮，在“开始”菜单中选择“所有程序”列表中的 Adobe Photoshop CS5，打开软件，进入工作界面。

(1) 单击“文件”菜单，在下拉菜单中选择“新建”或者按快捷键 Ctrl＋N，打开“新建”对话框，创建一个新文件，输入“手拎袋”。参数设置如图 2-38 所示。

(2) 新建图层“图层 1”，单击工具栏中的多边形工具，选圆角矩形工具 圆角矩形工具 U，半径为 5 像素 半径: 5px，按住 Shift 键在图中画一个正方形，如图 2-39 所示。

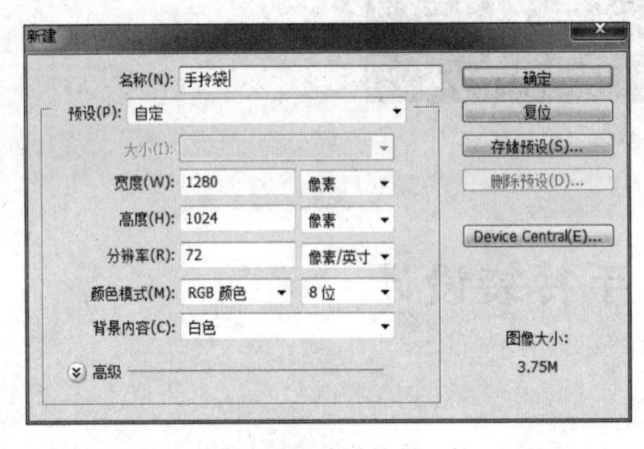

图 2-38　新建手拎袋文件

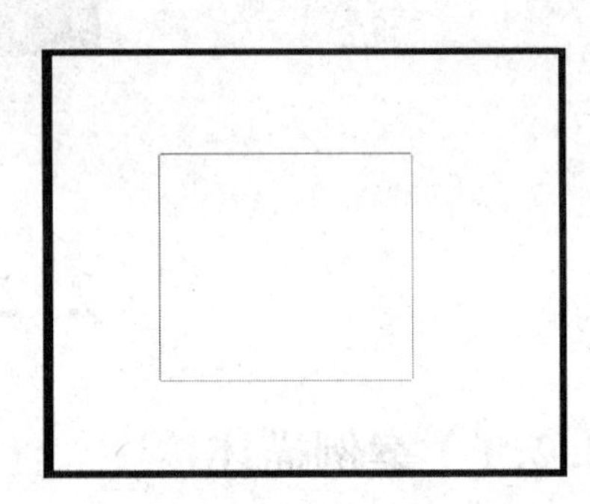

图 2-39　矩形选区

(3) 在路径中找到工作路径，单击工作路径并且按住 Ctrl 键，图中会出现一个选区，利用油漆桶工具将选区填充红色，参数设置与效果如图 2-40 与图 2-41 所示。

图 2-40　工作路径

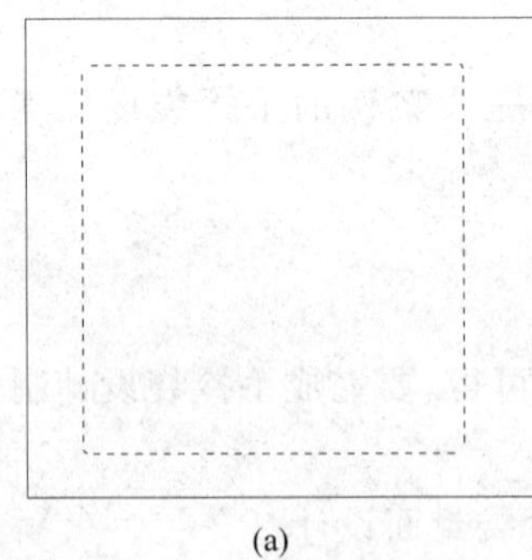

(a)

(b)

图 2-41　填充红色

(4) 将图层 1 填充渐变色，右击图层空白处，在图层样式中选中渐变，颜色有深红色变成浅红色，用自由变形工具，参数设置与效果如图 2-42～图 2-45 所示。

(5) 选中图层 1，利用变形工具将形状变成图 2-46 的样子。

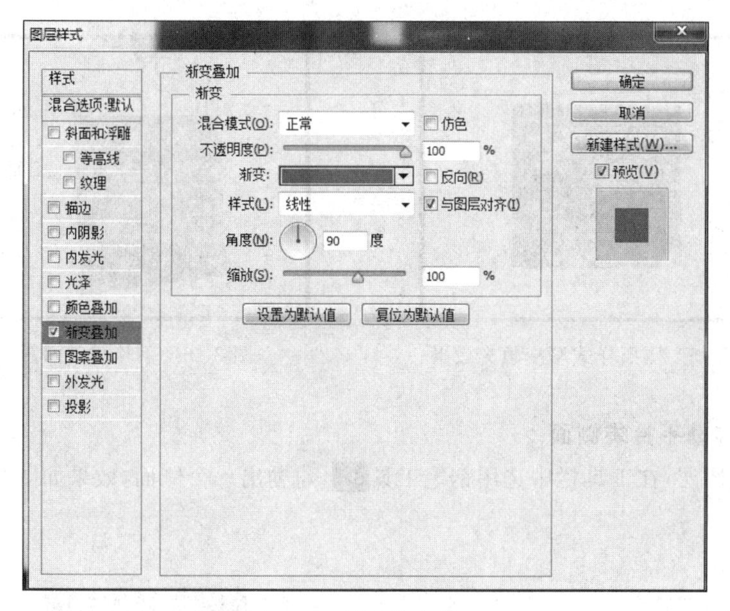

图 2-42　图层样式设置

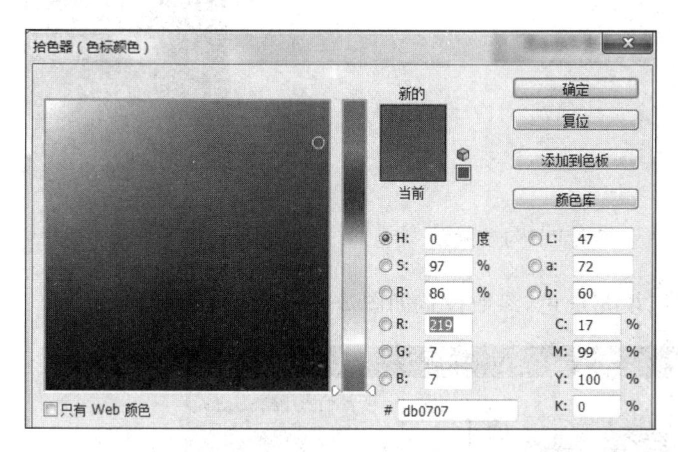

图 2-43　深红色数值

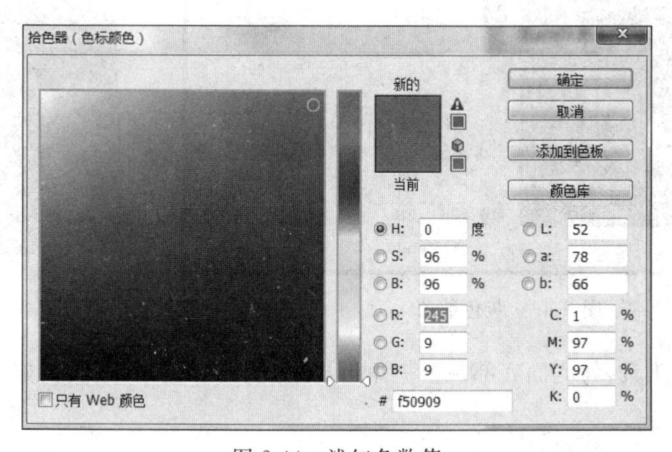

图 2-44　浅红色数值

图 2-45　图层样式渐变填充效果

图 2-46　手拎袋正面图

2. 制作勾勒手拎袋侧面

(1) 新建图层，在工具栏中选用钢笔工具，勾勒出一个侧面，效果如图 2-47 和图 2-48 所示。

图 2-47　钢笔工具勾勒侧面

图 2-48　侧面效果

(2) 选中图层填充灰色，参数设置如图 2-49 和图 2-50 所示。

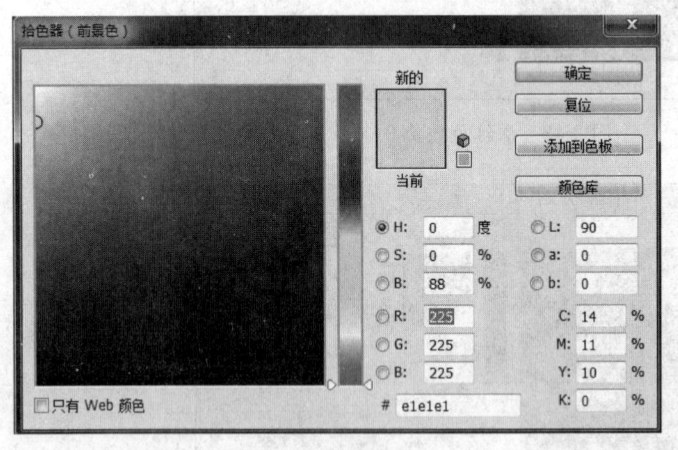

图 2-49　灰色数值

图 2-50　填充灰色

(3) 用钢笔工具，勾侧面底部一个三角形出来，填充红色，参数设置如图 2-51～图 2-53 所示。

图 2-51　底部勾三角形

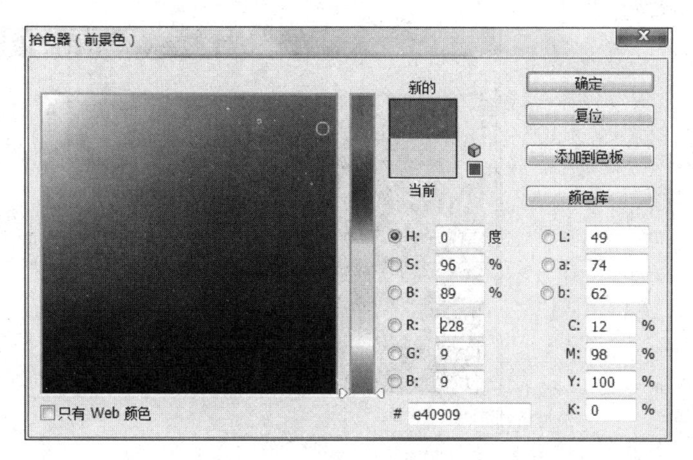

图 2-52　红色数值

（4）应用钢笔工具，勾侧面右边一个图形出来，并设置填充渐变填充色，参数设置如图 2-54～图 2-58 所示。

图 2-53　填充红色

图 2-54　侧面勾出的图形

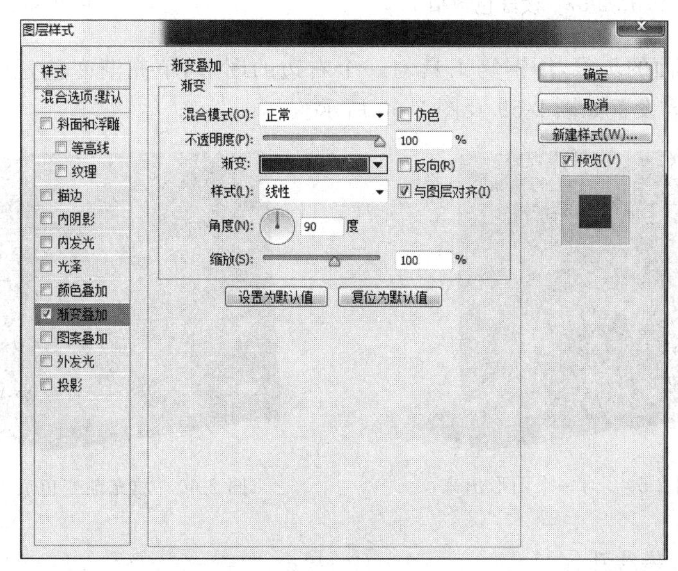

图 2-55　图层样式设置

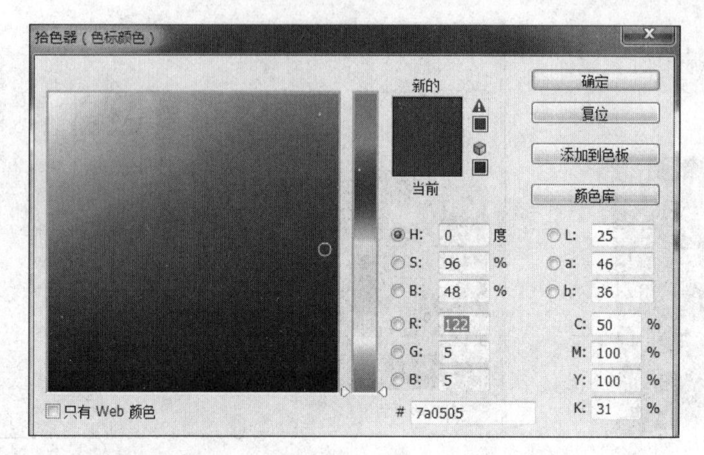

图 2-56　深红色数值

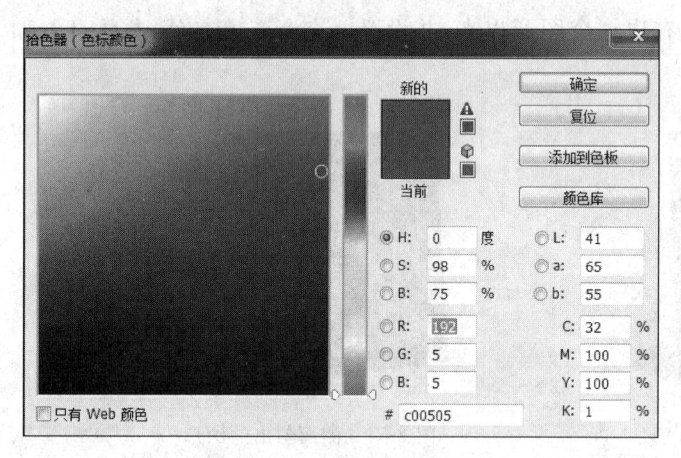

图 2-57　浅红色数值

图 2-58　填充渐变色

（5）参照上面的步骤，用钢笔工具勾一个右边的图形，填充渐变色，颜色数值跟左边图形的一样，参数设置如图 2-59 及图 2-60 所示。

图 2-59　勾一个图形出来

图 2-60　填充渐变色后

3. 制作手拎袋线孔

（1）新建一个图层，在工具栏中用圆形工具画一个圆形，填充白色，右击图层空白处，单击图层样式，设置描边、颜色叠加与投影效果，参数设置如图 2-61～图 2-66 所示。

（2）复制一个线孔图层，移到对应的位置，如图 2-67 所示。

4. 制作手拎袋带子与花纹

（1）单击“文件”菜单，在下拉菜单中选择“打开”打开一个新文件“带子”，在如图 2-68 所示的对话框中单击“打开”按钮。

图 2-61 画一个圆

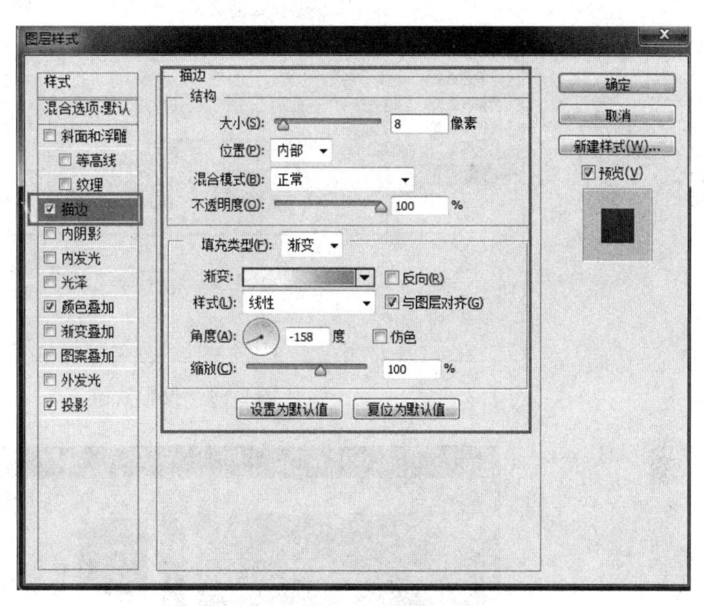

图 2-62 描边数值

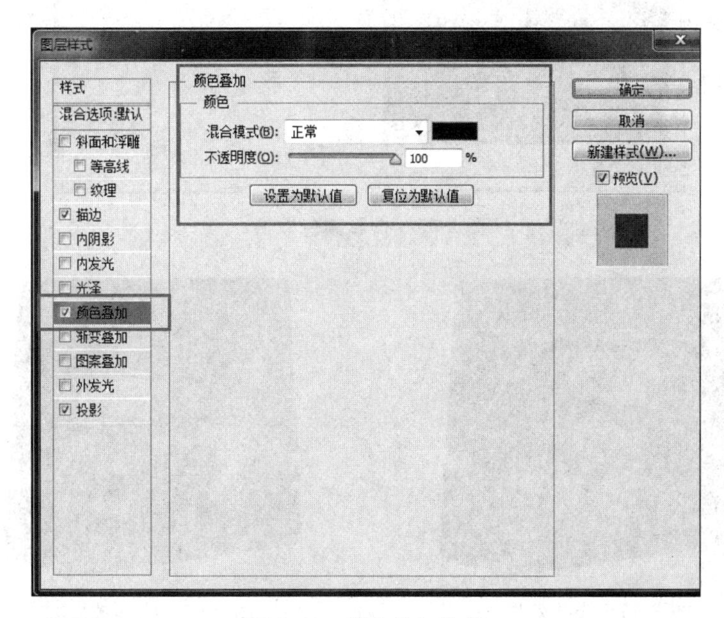

图 2-63 颜色叠加数值

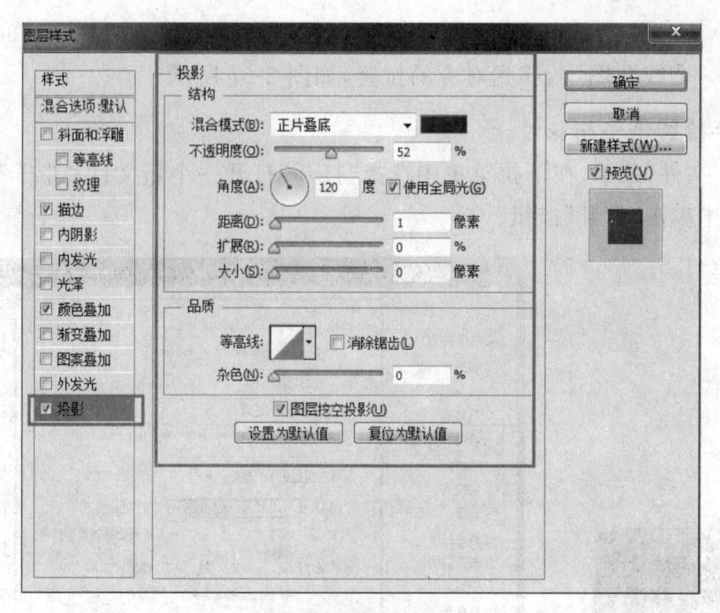

图 2-64　投影数值

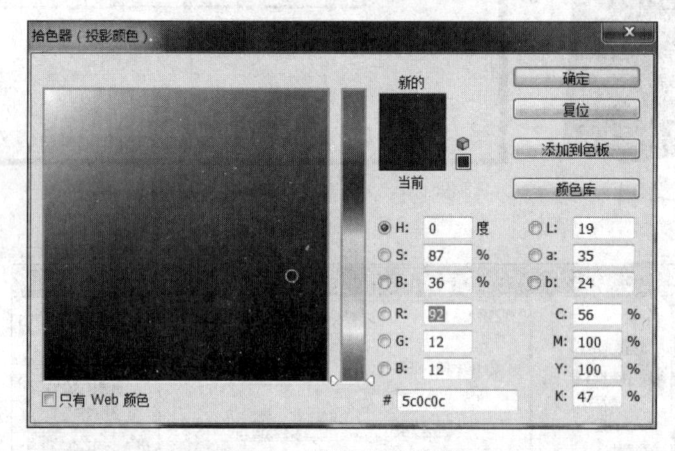

图 2-65　投影颜色数值

图 2-66　线孔效果 1

图 2-67　线孔效果 2

(2) 打开图之后，将“带子”拖到手拎袋图片中相对应的位置，复制“带子”图层，将复制出的图层如图 2-69 摆放。

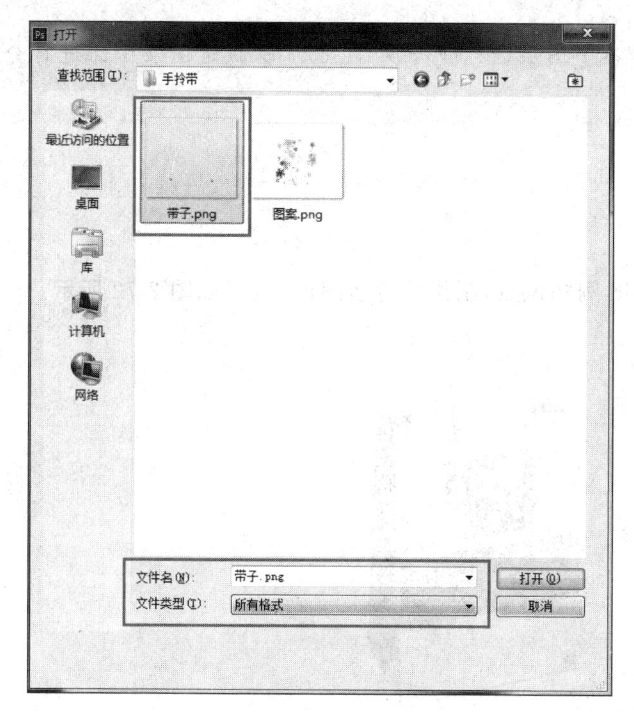

图 2-68 “打开”文件对话框

图 2-69 带子的效果

(3) 参照上面的步骤,将“图案”打开,拖到相对应的位置,如图 2-70 和图 2-71 所示。

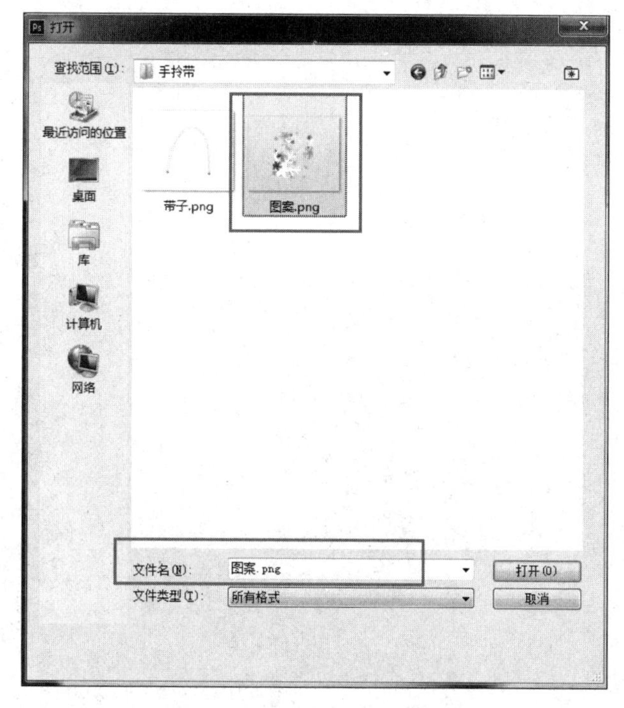

图 2-70 “打开”文件对话框

图 2-71 效果图

制作好的图案文件可以对各个图层进行合并操作，也可以新建图层小组进行分类管理。

2.2.4 扩展练习

利用 Photoshop CS5，应用案例知识点，制作手拎袋图像，效果如图 2-72 所示。

图 2-72 手拎袋

第3章 图像综合处理

在第2章中介绍了如何利用Photoshop对图形进行处理，本章将通过案例介绍如何使用Photoshop工具进行广告设计和对图像的处理。读者可以在本章案例中学会根据设计处理需求灵活运用色彩、通道、蒙版、滤镜、图层、选区、图形、文字工具等完成图像处理，并掌握通道、蒙版、滤镜的使用技巧。

3.1 制作双胞胎效果

3.1.1 案例描述

利用Photoshop相关设计工具制作完成双胞胎效果，如图3-1所示。

图3-1 双胞胎效果

3.1.2 案例分析

你是否幻想过自己有个双胞胎的兄弟姐妹，这个世界上，如果有一个人和你长得一模一样，是不是感觉非常的神奇？虽然双胞胎的几率是非常小的，但我们可以利用Photoshop，将两个自己的照片拼合在一起，过一把双胞胎的瘾。

图像的设计处理要遵循一定的设计原则，要理解设计需求与目的，进行创意构思，然后完成编辑制作。

参照案例样图，通过分析，要完成制作双胞胎效果需要以下知识点：

(1) 抠图选区操作；

(2) 图层操作；

(3) 通道蒙版应用。

参照案例双胞胎效果图分析可得，要完成双胞胎效果的抠图和图像的设计制作需要进行以下工作：

(1) 应用通道蒙版完成图像处理；

(2) 背景图像的拖动；

(3) 通过自由变换调整完善图像；

(4) 保存后退出。

3.1.3 案例实施

1. 应用通道蒙版对图像进行处理

打开软件 Adobe Photoshop CS5,进入工作界面,完成如下工作。

(1) 打开文件,通道设置;

(2) 图层蒙版处理。

1) 打开文件,通道设置

(1) 单击“文件”菜单,在下拉菜单中选择“打开”,如图 3-2 所示,打开一个新文件“4. PDF”,如图 3-3 所示,单击“打开”按钮。

图 3-2 打开文件

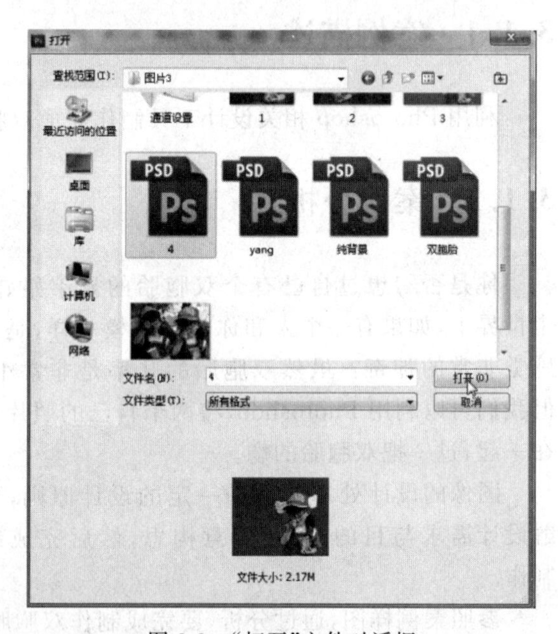

图 3-3 “打开”文件对话框

(2) 打开通道蒙版,单击“窗口”菜单,在下拉菜单中选择“通道”,如图 3-4 所示,出现通道面板如图 3-5 所示,通过肉眼观察,选择一个与背景对比最强烈的通道,本例中就是蓝通道,选择蓝通道,如图 3-6 所示,右击,在弹出的“复制通道”,如图 3-7 所示,出现“复制通道”对话框,如图 3-8 所示,单击“确定”按钮后得到一个新通道“蓝 副本”,如图 3-9 所示。

(3) 单击“蓝 副本”,进入该通道,画布中显示出黑白的蓝通道图像。这时,单击“图像”菜单,选择“调整”中的“色阶”,如图 3-10 所示,打开“色阶”选项卡,将左侧圆圈中的滑块缓缓向右侧移动,右侧圆圈中的滑块缓缓向左侧移动,慢慢调整,并同时观察图像随着

图 3-4　打开通道

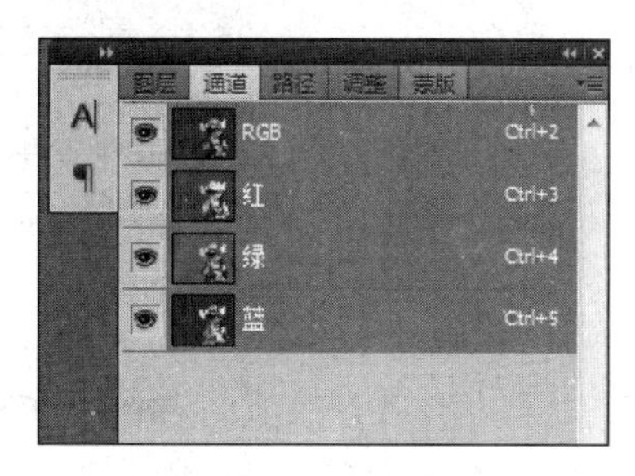

图 3-5　通道面板

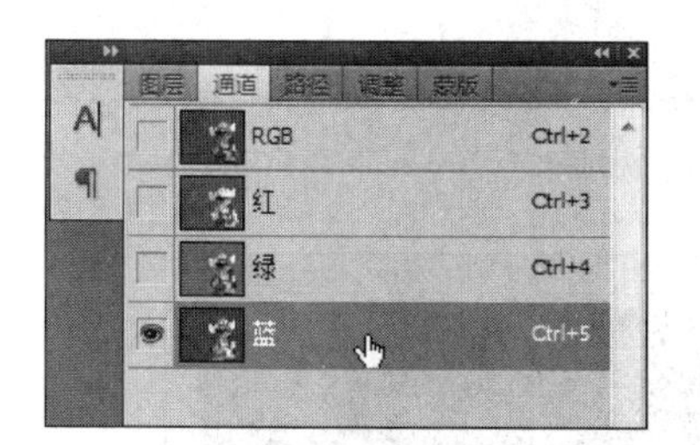

图 3-6　蓝通道

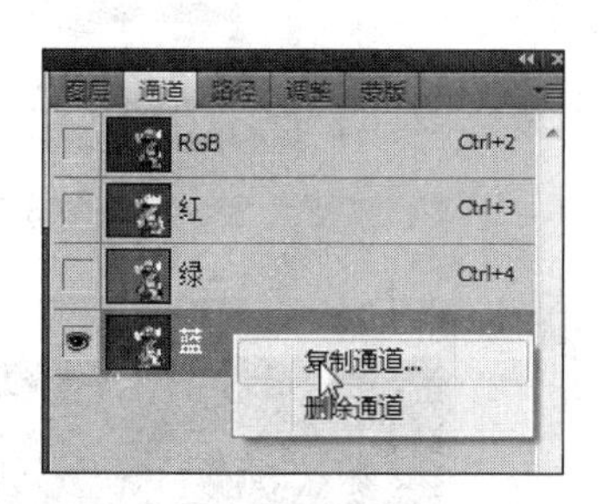

图 3-7　复制通道

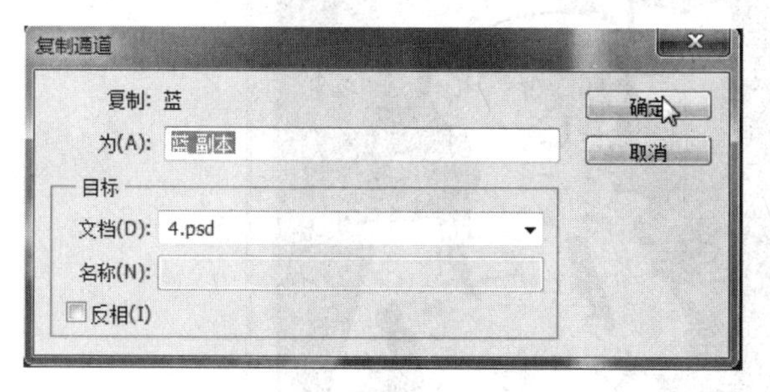

图 3-8　复制通道对话框

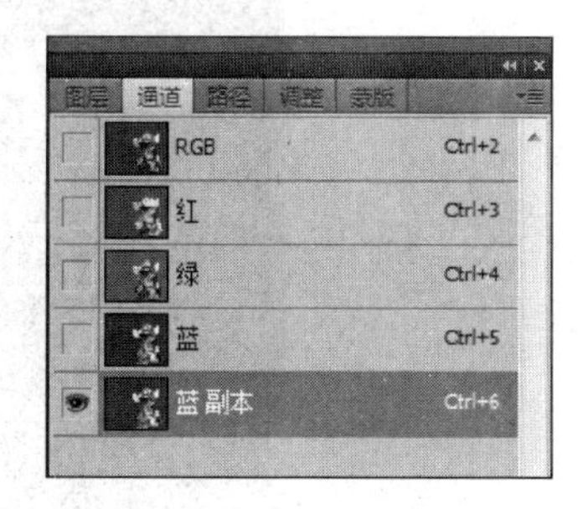

图 3-9　新通道

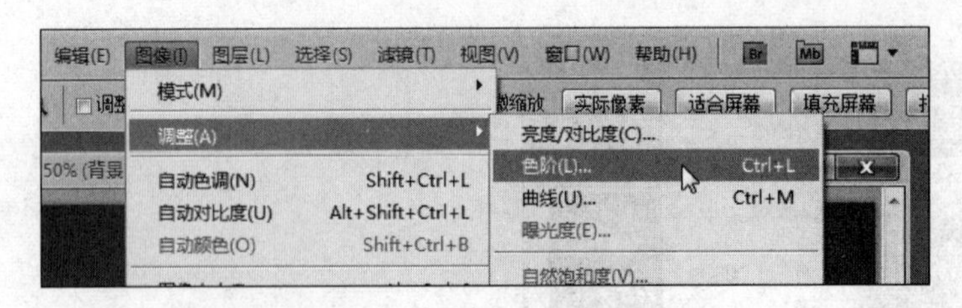

图 3-10 选中“色阶”

滑块移动的情况，人物标本亮度会变亮，背景亮度会变暗。在调整过程中，还要用“缩放工具”放大查看人物标本的边缘，不断调整，使得人物标本大部分边缘内侧变得纯白，外侧变得纯黑。这时候，就可以停止调整了，如图 3-11 所示，单击“确定”按钮，得到效果如图 3-12 所示。

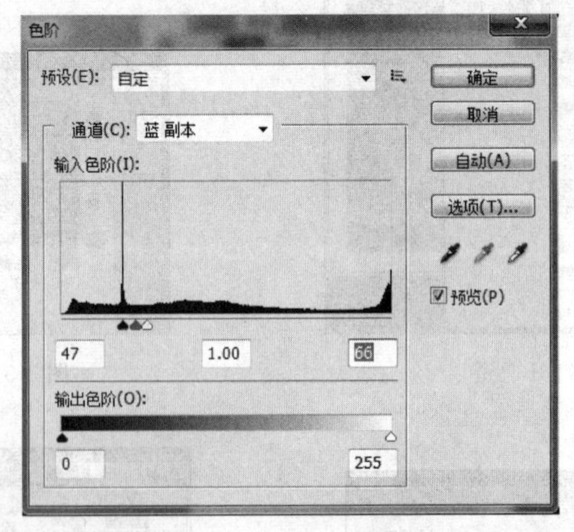

图 3-11 “色阶”选项卡

图 3-12 色阶调整效果

运用橡皮擦和画笔工具，将背景涂成黑色，将人物标本涂成白色，边缘附近不需处理，如图 3-13 所示。

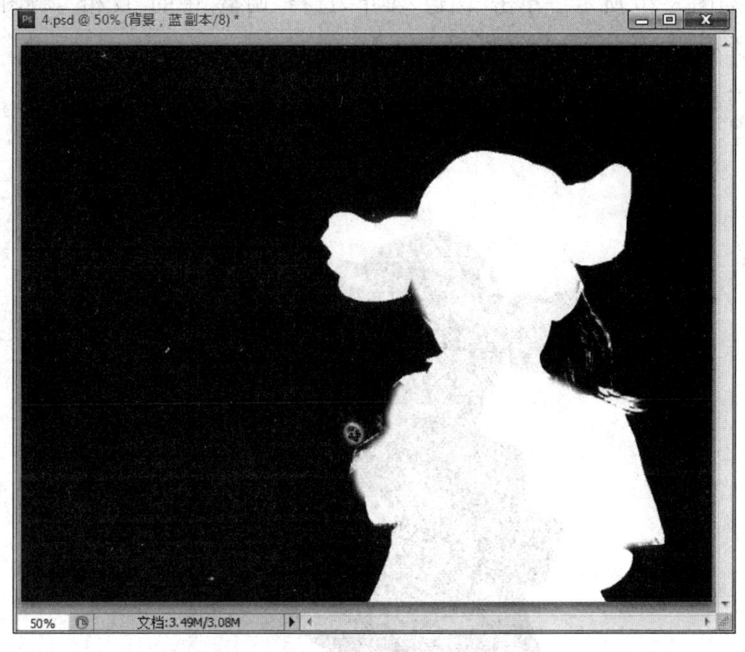

图 3-13　涂抹效果

(4) 人物标本的边缘还有部分暗色的背景粘连着，这时，单击“图像”菜单，选择“调整”中的“反相”，如图 3-14 所示，将图像“反相”，效果如图 3-15 所示，边缘粘连的暗色背景就很清晰地显示出来了。运用套索工具，选中边缘一处连通着的粘连背景，如图 3-16 所示，单击“图像”菜单，选择“调整”中的“色阶”，打开“色阶”选项卡，将左侧滑块轻轻向右滑动，如图 3-17 所示，并观察图像，如图 3-18 所示，当图像中背景残存的白色

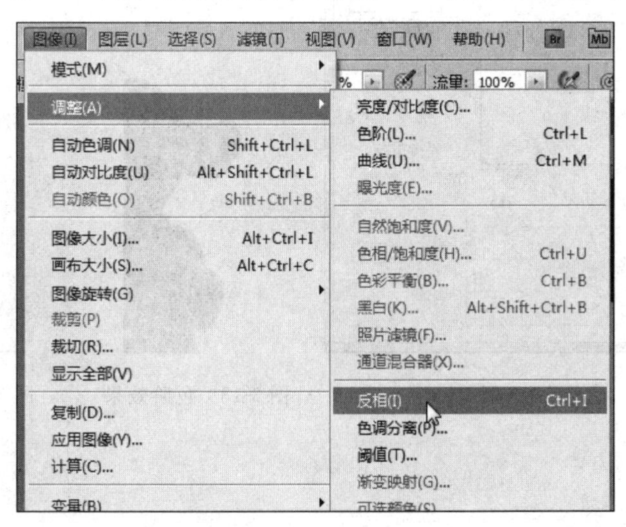

图 3-14　选择“反相”

色块与边缘分离，中间有黑色色块隔开时，单击“确定”按钮。用橡皮将背景中残存的黑色色块涂白即可，如图 3-19 所示。用同样的方法将剩余右边进行处理，直到处理完所有的边缘，如图 3-20 所示。单击“图像”菜单，选择“调整”中的“反相”，将图像“反相”效果如图 3-21 所示。

图 3-15 反相效果

图 3-16 部分边缘选取

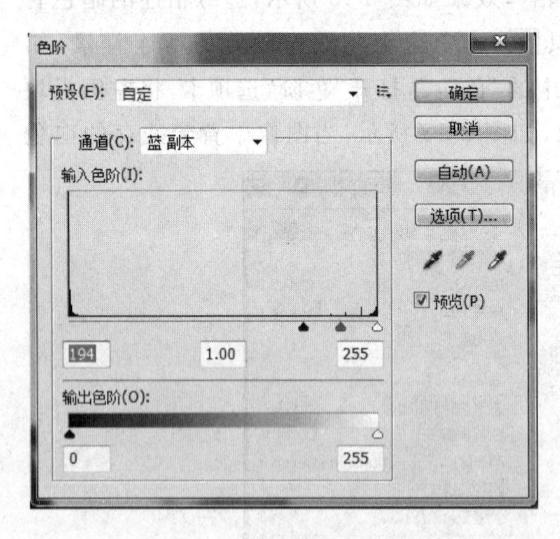

图 3-17 “色阶”选项卡

图 3-18 色阶效果

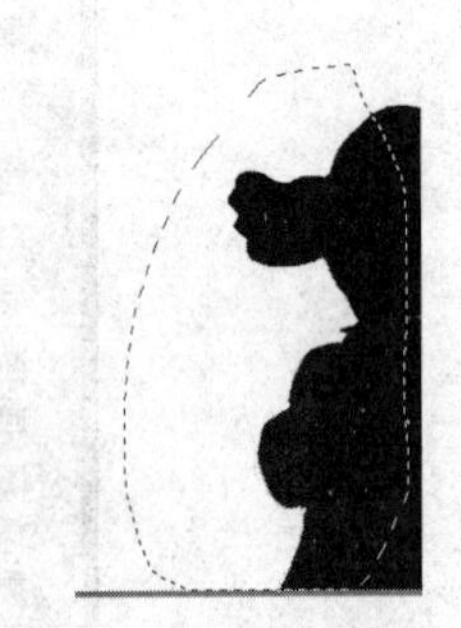

图 3-19 边缘背景残留涂白

图 3-20　效果图

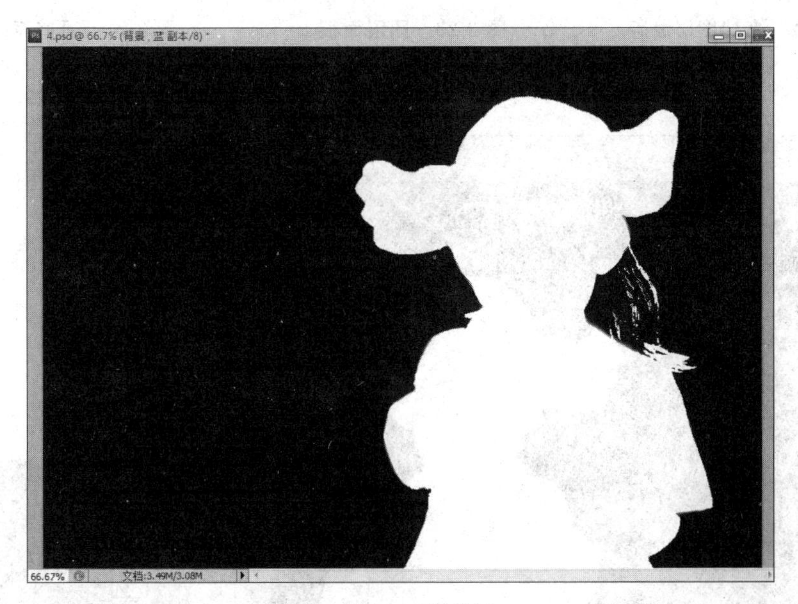

图 3-21　反相效果

2）图层蒙版处理

(1) 打开图层面板，单击“背景”图层，单击面板下方的“新建图层蒙版”按钮，如图 3-22 所示，得到图层面板效果如图 3-23 所示。

(2) 回到通道面板，如图 3-24 所示，选择“工具箱”中的“选取工具”，选中“蓝副本”通道图像如图 3-25 所示，复制，单击通道中的“背景蒙版”，粘贴，通道面板效果如图 3-26

所示,“背景蒙版”通道图像如图 3-27 所示,单击“选择”菜单中的“取消选择”,如图 3-28 所示,将“蓝副本”通道内处理好的图像拷贝到“背景蒙版”中。打开图层面板,单击“背景”图层,抠图完成,图层面板效果如图 3-29 所示,得到效果图像如图 3-30 所示。

图 3-22　新建图层蒙版

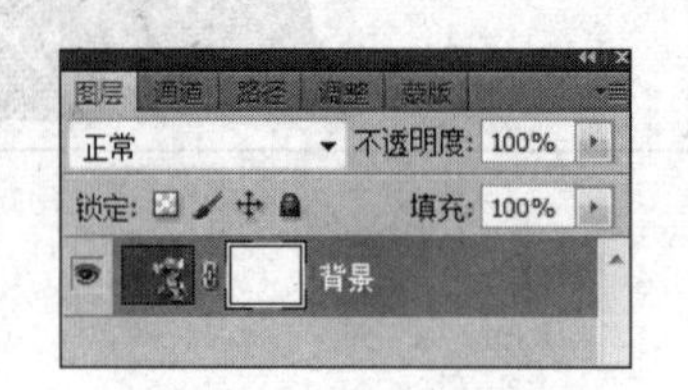

图 3-23　图层面板

图 3-24　通道面板 1

图 3-25　通道图像选中

图 3-26　通道面板 2

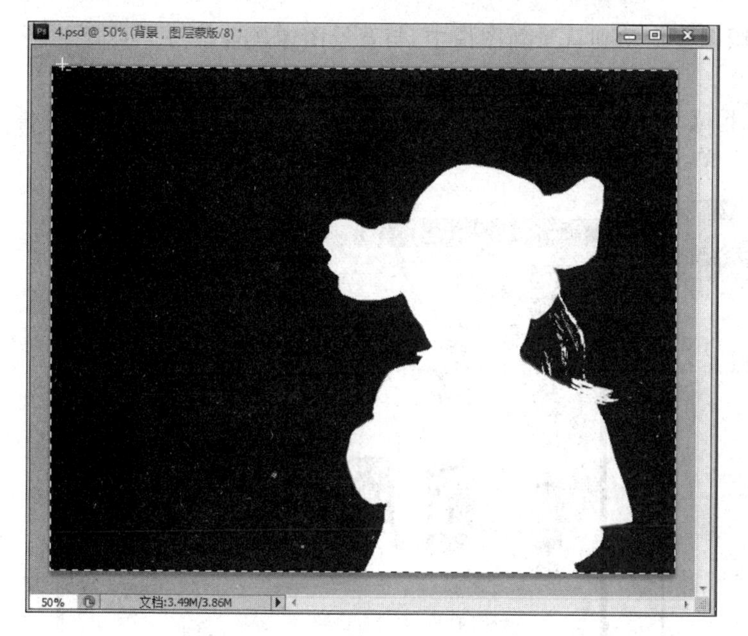

图 3-27　“背景蒙版”通道图像

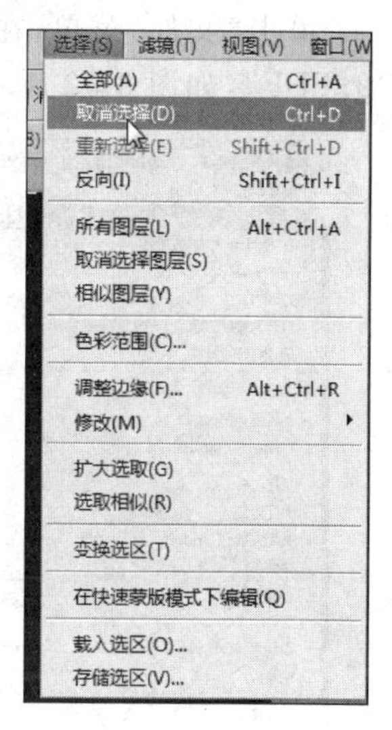

图 3-28　取消选择

图 3-29　图层面板

图 3-30　效果图

小贴士:

在 Adobe Photoshop CS5 中,还可以创建像“快速蒙版”(Quick Mask)这样的临时蒙版,也可以创建永久性的蒙版,如将它们存储为特殊的灰阶通道——Alpha 选区通道。Adobe Photoshop CS5 也利用通道存储颜色信息和专色信息。

小知识:

Adobe Photoshop CS5 中“图像”→“调整”→“色阶”命令可以用快捷键 Ctrl+L 进行设置。

2. 背景图像拖动处理

在已完成的图像上加入背景新图像,完成如下工作。

(1) 打开新图像;

(2) 将已经完成的蒙版图像拖动到背景新图像中，与背景图像融合。

1) 打开新图像

单击“文件”菜单，在下拉菜单中选择“打开”，如图 3-31 所示，打开一个新文件“2.PDF”，如图 3-32 所示，单击“打开”按钮。

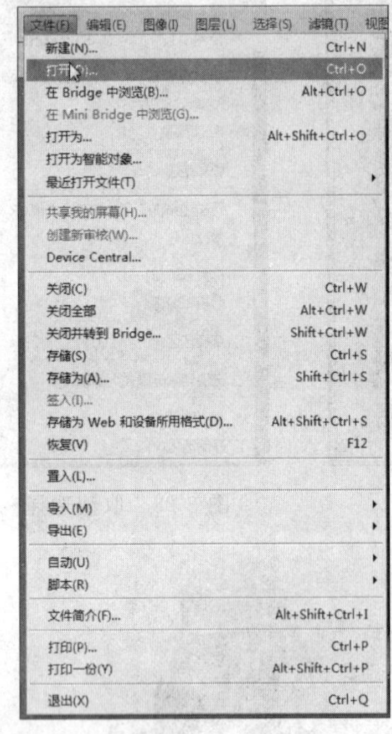

图 3-31 打开文件

图 3-32 “打开”文件对话框

2) 拖动蒙版图层到新文件

选择“工具箱”中的“移动工具”，将生成的蒙版图像拖动到新文件背景图像中，效果如图 3-33 所示，图层面板效果如图 3-34 所示。

图 3-33 效果图

图 3-34 图层面板

小贴士：

在 Adobe Photoshop CS5 中，对于同样一个文件中的图片，要移动的话，首先要确保图层没有锁定。如果图层锁定的话，不能够移动图像本身，但可以向图像某个区域进行移动。

小知识：

在 Adobe Photoshop CS5 中取消选区除了单击“选择”→“取消选择”命令，还可以通过按快捷键 Ctrl+ D 进行取消。

3. 调整图像位置及大小

在已完成的图像上对新拖入的蒙版图像进行大小位置调整，完成如下工作：

单击“编辑”菜单中的“自由变换”选项，图像效果如图 3-35 所示，左手按住 Shift 键，右手拖动鼠标，对蒙版人物图像进行大小调整，再次用鼠标选中蒙版人物图像，对其位置进行调整，得到效果如图 3-36 所示。

图 3-35　图像调整

图 3-36 效果图

小贴士：

在 Adobe Photoshop CS5 中，自由变换是即时性的，不是做选区用的，相当于放大缩小。

小知识：

在 Adobe Photoshop CS5 中对蒙版图像自由变换大小的调整也可按快捷键 Ctrl+T 进行设置。

4. 保存

已完成商业宣传广告的图像设计，需要对图像进行保存，完成如下工作：

(1) PSD 格式存储；

(2) JPEG 格式存储。

1) PSD 格式存储

选择“文件”中的“存储为”，如图 3-37 所示，弹出“存储为”对话框，如图 3-38 所示，进行设置，保存在“图片 3”文件夹中，文件名为“双胞胎”，格式为“PSD”，单击“保存”按钮。

2) JPEG 格式存储

选择“文件”中的“存储为”，如图 3-37 所示，弹出“存储为”对话框，如图 3-39 所示，进行设置，保存在“5 保存”文件夹中，文件名为“双胞胎”，格式为“JPEG”，单击“保存”按钮，弹出“JPEG 选项”对话框，按图 3-40 所示设置，单击“确定”按钮。

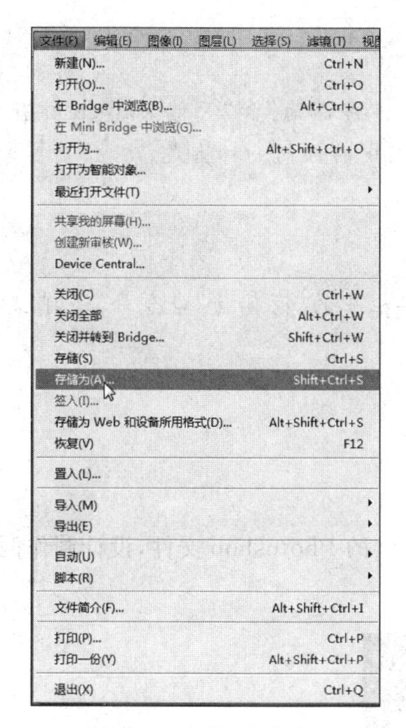

图 3-37 文件“存储为”

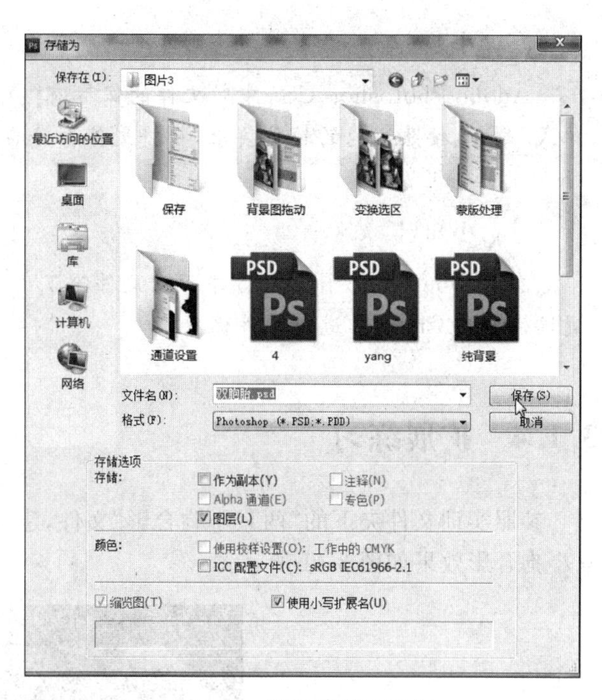

图 3-38 PSD 存储对话框

图 3-39 JPEG 存储对话框

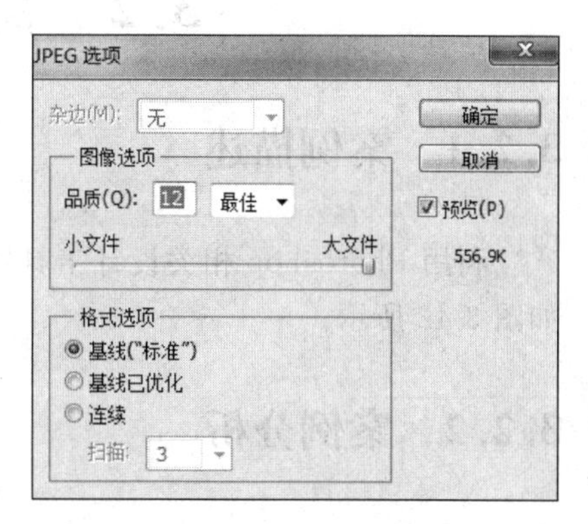

图 3-40 “JPEG 选项”设置

小贴士：

Adobe Photoshop CS5 中对文件的保存有“存储”、“存储为”和“存储为 Web 所有格式”命令，按照不同的软件要求，可将文件存储为它们中的任何一种格式。

小知识：

在 Adobe Photoshop CS5 中存储文件除了用菜单栏中的“存储为”命令外，还可以通过快捷键 Ctrl＋A 进行文件保存。

3.1.4 扩展练习

参照实训文件夹下的“两只小狗合影”文件，建立自己的 Photoshop 文件，设计制作两只小狗合影效果如图 3-41 所示。

图 3-41 小狗合影效果

3.2 商业宣传广告设计

3.2.1 案例描述

利用 Photoshop 相关设计工具制作完成商业宣传广告，如图 3-42 所示。

图 3-42 商业宣传广告

3.2.2 案例分析

广告设计是对图像、文字、色彩、版面、图形等表达广告的元素，结合广告媒体的使用特征，在计算机上通过相关设计软件来实现表达广告目的和意图所进行的平面艺术创意的一种设计活动或过程。所谓广告设计是指从创意到制作的这个中间过程。

广告设计是广告的主题、创意、语言文字、形象、衬托这5个要素构成的组合安排。广告设计的最终目的就是通过广告来达到吸引眼球的目的。本章主要介绍商业广告设计的设计技巧和基本知识。

在广告制作设计过程中，首先要理解广告的设计需求与目的，对广告进行创意构思，然后完成广告相关元素的编辑制作。

参照案例样图，通过分析，要完成案例的商业宣传广告设计工作需要以下知识点：

(1) 抠图选区，图层效果应用；

(2) 图形绘制工作，文字工具；

(3) 滤镜应用；

(4) 图像色彩调整。

参照案例商业宣传广告效果图分析可得，要完成企业的宣传广告的背景设计、图像处理和文字元素的设计制作工作需要进行以下工作：

(1) 新建文件，完成图像背景的制作；

(2) 运用抠图工具，插入图像文件；

(3) 应用文字工具，完成文字设计；

(4) 保存退出。

3.2.3 案例实施

1. 制作图像背景

双击 Adobe Photoshop CS5 软件，进入工作界面，完成如下工作：

(1) 新建文件，新建渐变背景图层；

(2) 创建网格；

(3) 设置电路效果。

1) 新建文件，新建渐变背景图层

(1) 单击“文件”菜单，在下拉菜单中选择“新建”，如图3-43所示，打开“新建”对话框，创建一个新文件，输入“芯片宣传广告”，如图3-44所示，设置宽度为600像素，高度为600像素，分辨率为100像素/英寸，颜色模式为RGB颜色，单击“确定”按钮。

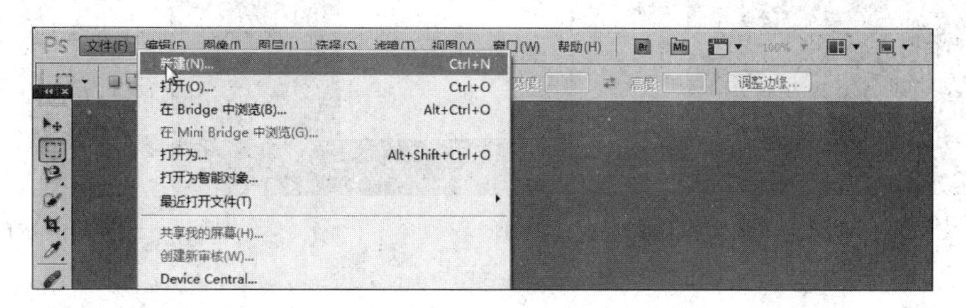

图3-43 新建文件

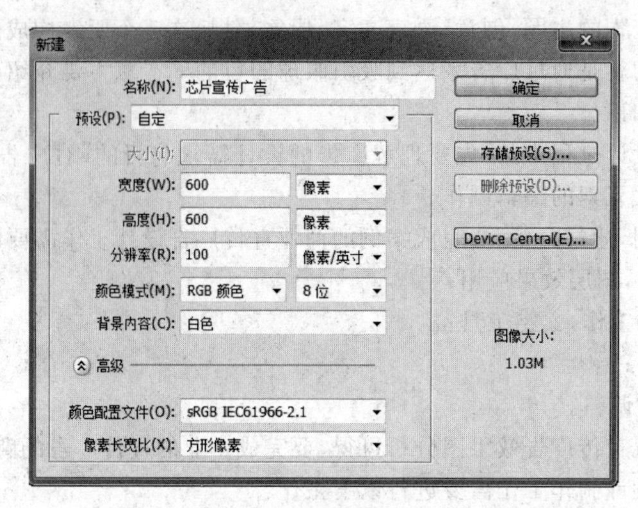

图 3-44 “新建”对话框

(2) 图层部分出现“背景”图层，对背景进行设置。单击“窗口”中的“工具”按钮，如图 3-45 所示，出现工具箱，如图 3-46 所示，在工具箱里将前景色和背景色设置为默认的黑色(图 3-47)和白色(图 3-48)。

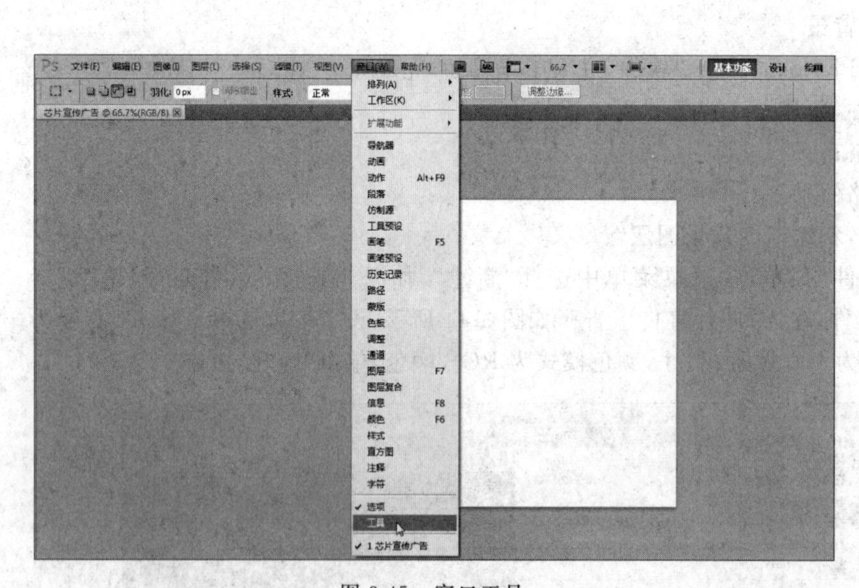

图 3-45 窗口工具

图 3-46 工具箱

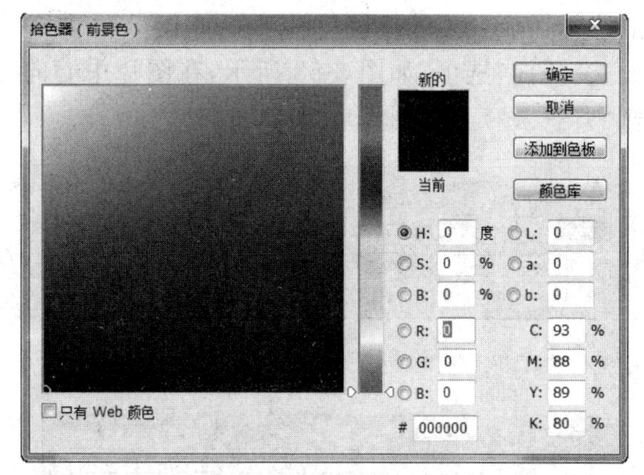

图 3-47　黑前景色

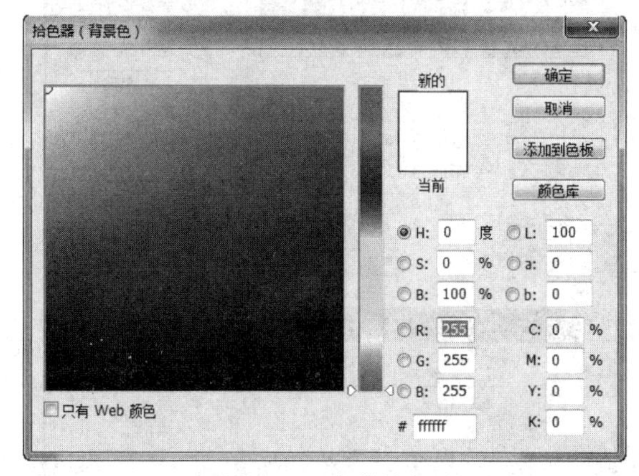

图 3-48　白背景色

（3）在“工具箱”中选择“渐变工具”，如图 3-49 所示，单击“编辑渐变”，如图 3-50 所

图 3-49　渐变工具

示，在“渐变编辑器”中选择“前景色到背景色渐变”，如图 3-51 所示，单击选中“径向渐变”，如图 3-52 所示，勾选“反向”选项，如图 3-53 所示，在图片中心向右下角绘制直线，如图 3-54 所示，此时得到“背景”图层，如图 3-55 所示。

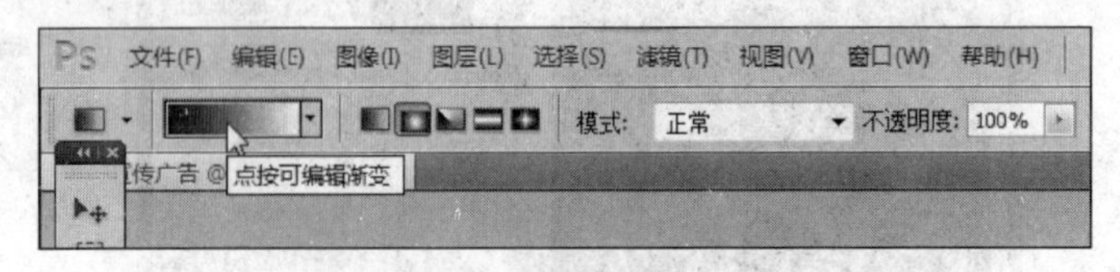

图 3-50　编辑渐变工具

图 3-51　渐变编辑器

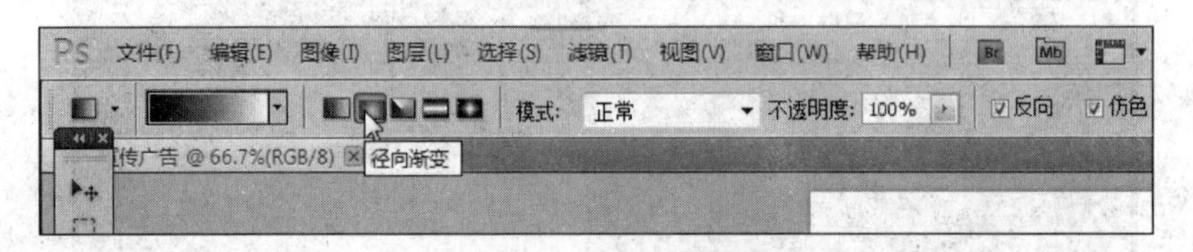

图 3-52　径向渐变

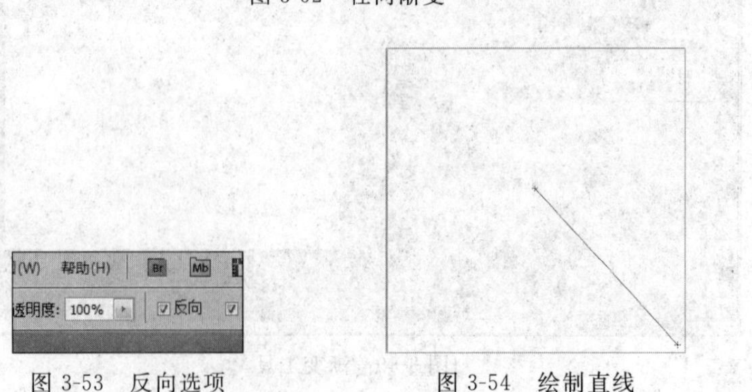

图 3-53　反向选项　　　　　　　　图 3-54　绘制直线

图 3-55　背景图层

2）创建网格

复制“背景”图层，如图 3-56 所示，得到“背景 副本”图层，如图 3-57 所示；选择“滤镜”→“像素化”→“马赛克”命令，如图 3-58 所示，打开“马赛克”对话框，如图 3-59 所示，设置“单元格大小”为 20，单击“确定”按钮，得到效果如图 3-60 所示。

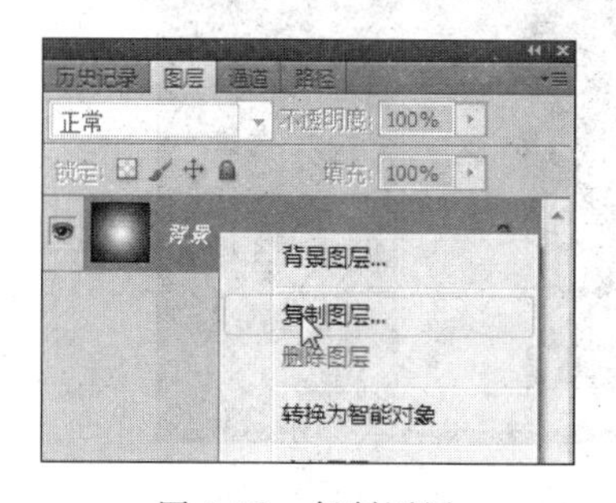

图 3-56　复制图层

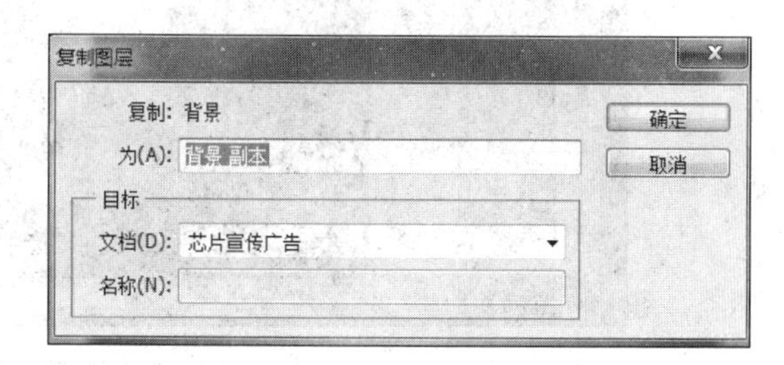

图 3-57　背景副本

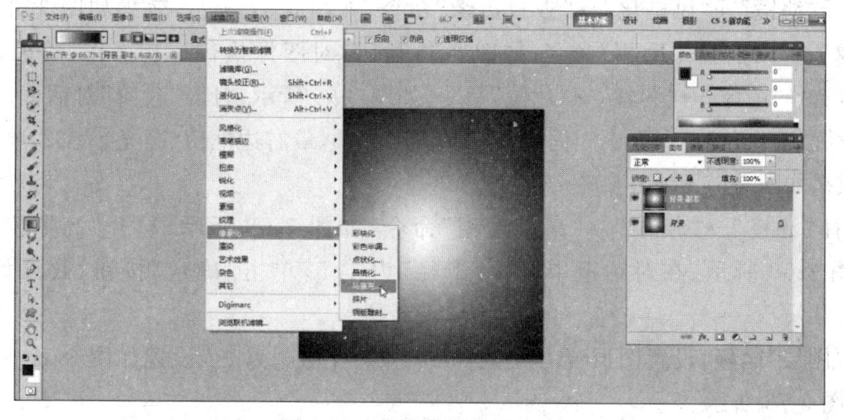

图 3-58　滤镜像素化马赛克

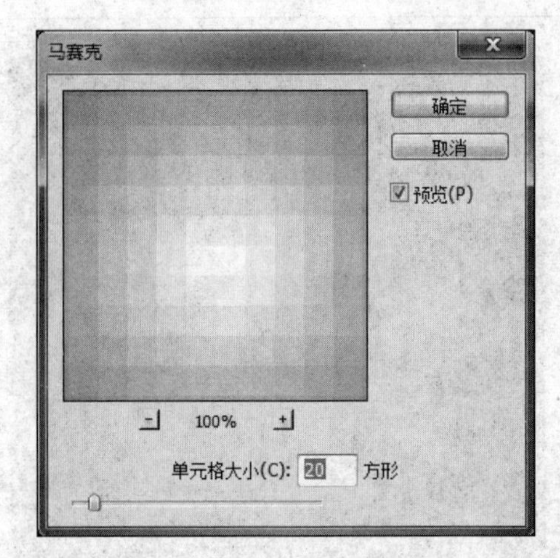

图 3-59 “马赛克”对话框

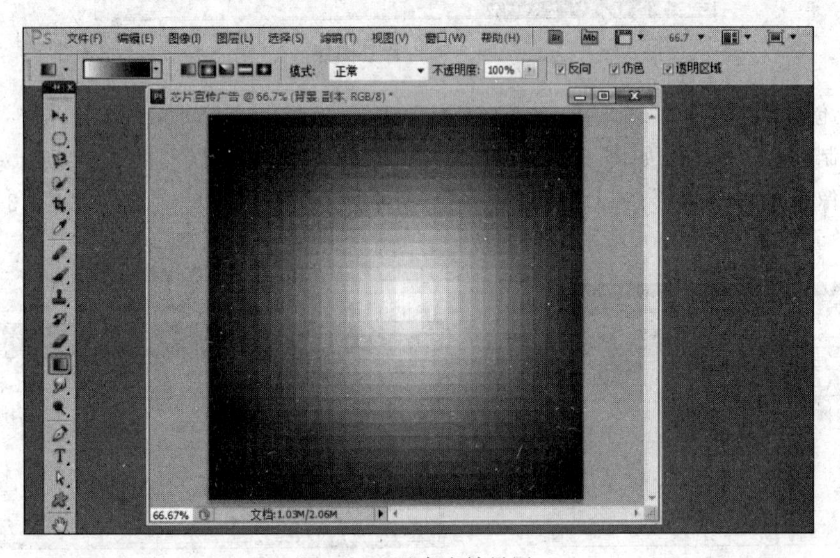

图 3-60 马赛克效果图

选择“滤镜”→“风格化”→“查找边缘”命令，如图 3-61 所示，效果如图 3-62 所示，选择“图像”→“调整”→“反相”命令，如图 3-63 所示，对图像执行反相操作，效果如图 3-64 所示；再选择“图像”→“调整”→“色阶”命令，如图 3-65 所示，打开“色阶”对话框，如图 3-66 所示，设置“输入色阶”下面中间框值(中间调)为 4.06，最右边框值(高光)为 52，单击“确定”按钮，效果如图 3-67 所示。

选择“滤镜”→“模糊”→“高斯模糊”命令，如图 3-68 所示，打开“高斯模糊”对话框，如图 3-69 所示；在对话框中设置“半径”为 1.5，单击“确定”按钮，效果如图 3-70 所示。

在“图层”面板，设置图层混合模式如图 3-71 所示，“点光”设置如图 3-72 所示，得到效果如图 3-73 所示。

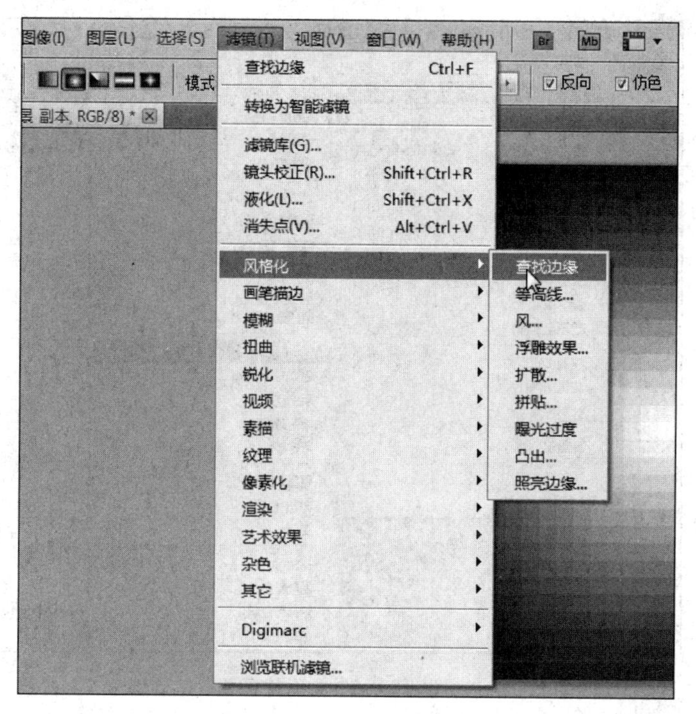

图 3-61　滤镜风格化查找边缘

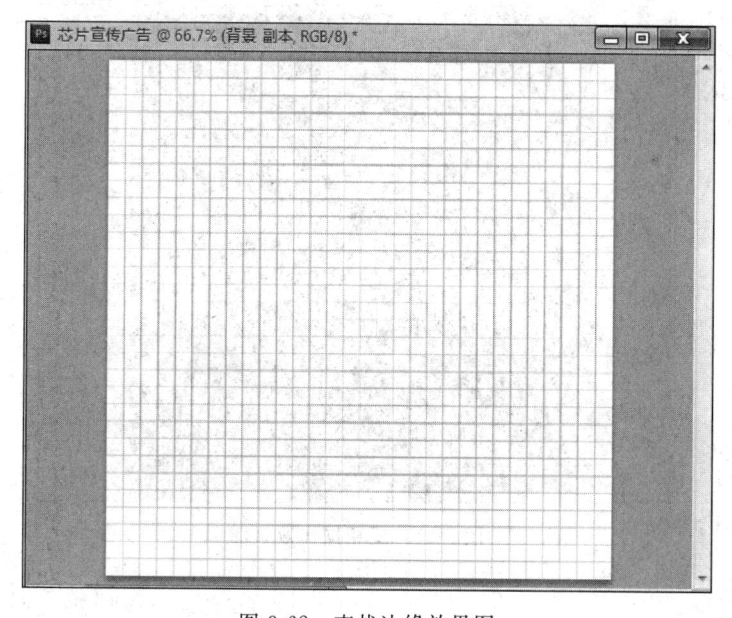

图 3-62　查找边缘效果图

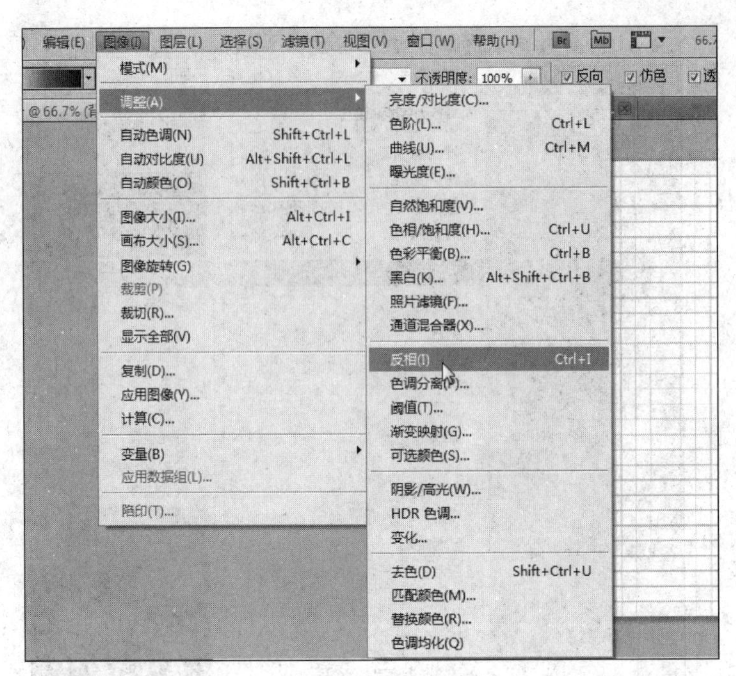

图 3-63　图像调整反相

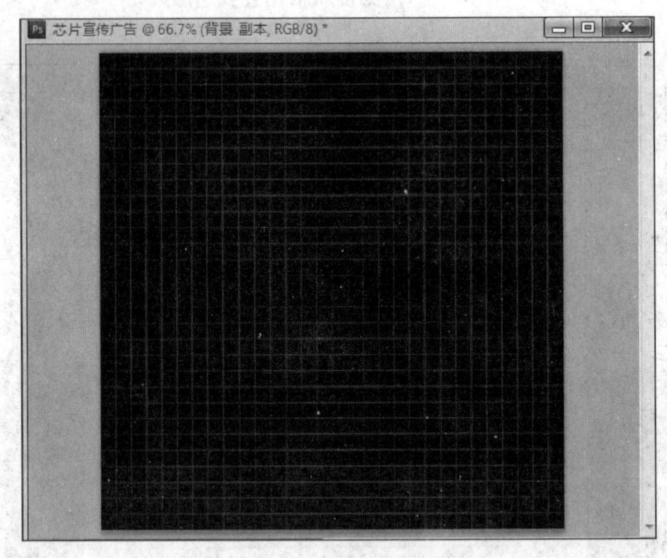

图 3-64　反相操作效果图

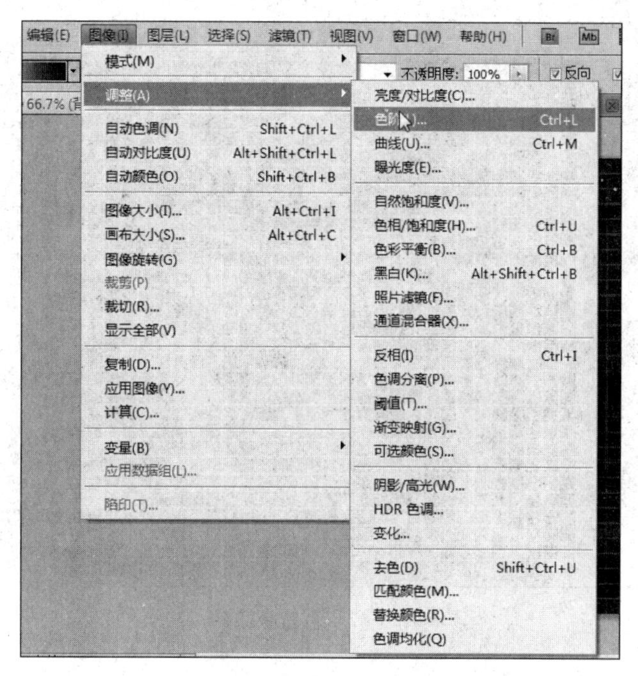

图 3-65　图像调整色阶

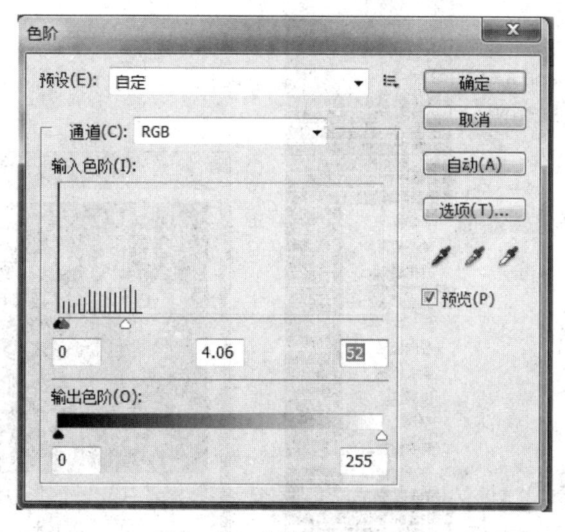

图 3-66　“色阶”对话框

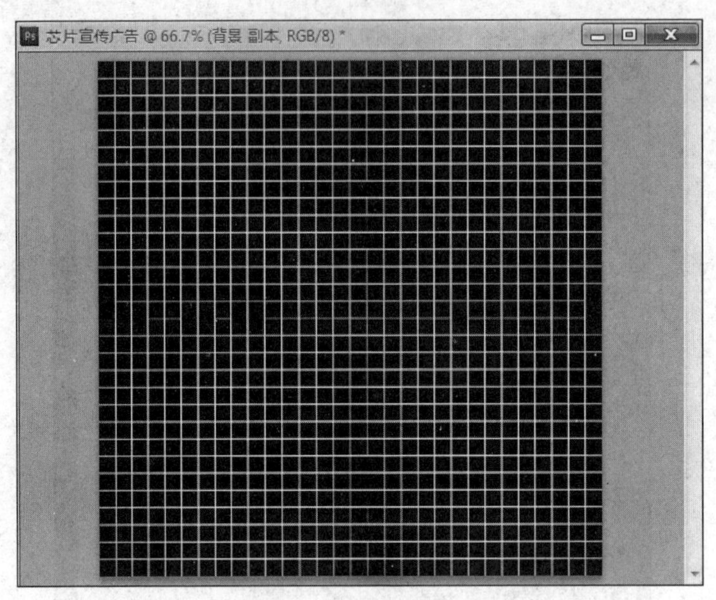

图 3-67　色阶效果图

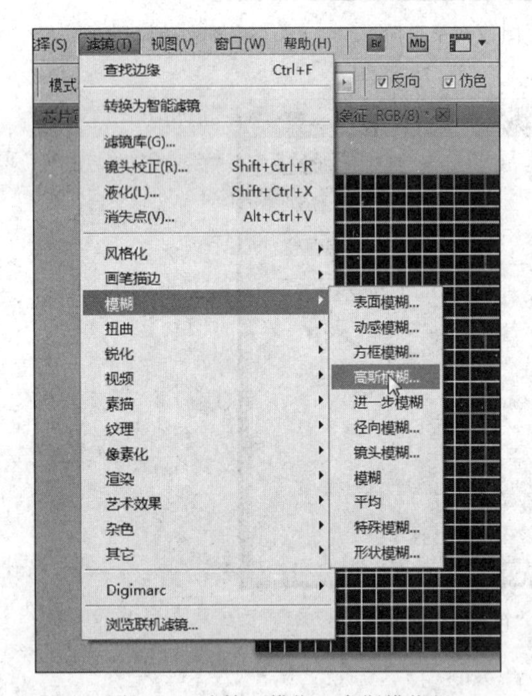

图 3-68　滤镜→模糊→高斯模糊

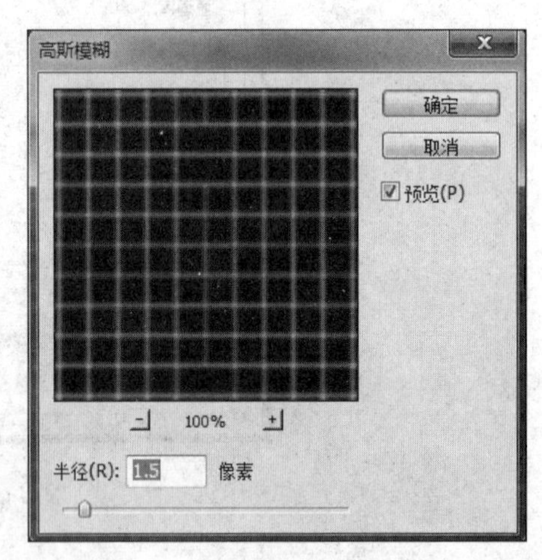

图 3-69　“高斯模糊”对话框

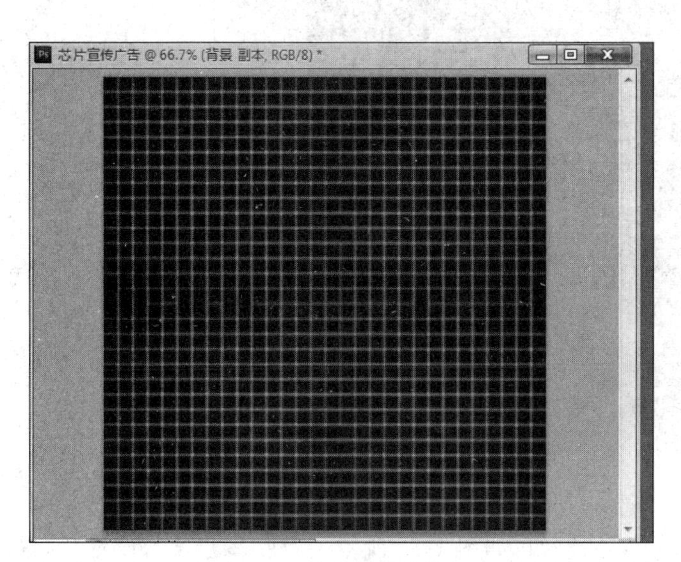

图 3-70　高斯模糊效果图

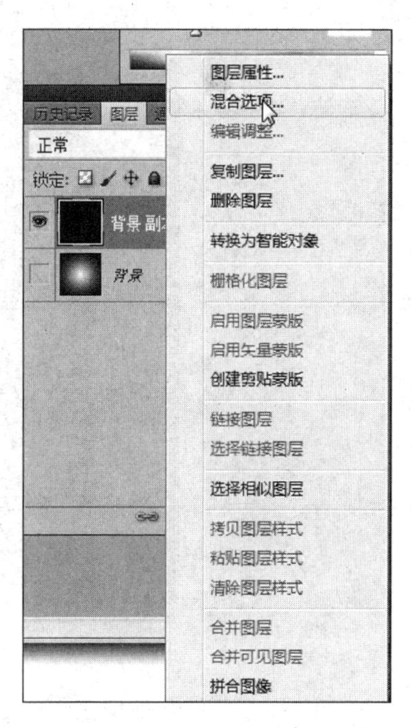

图 3-71　图层混合

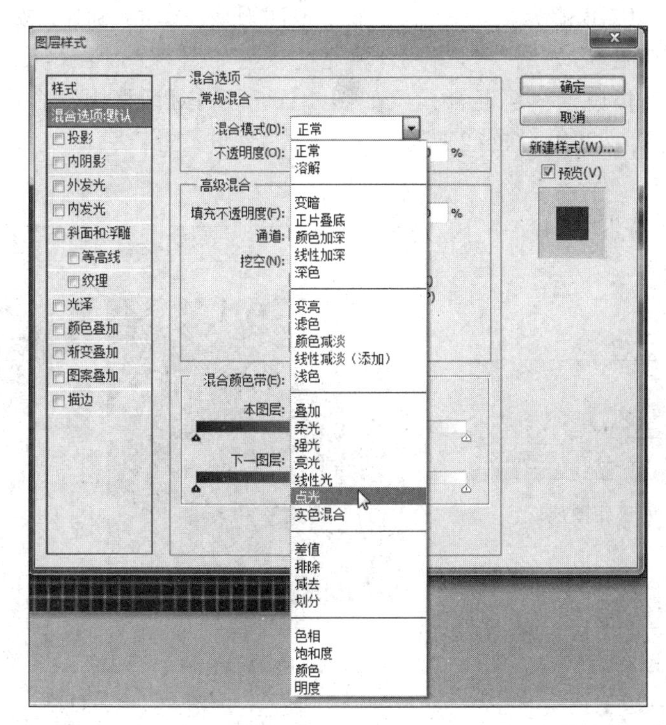

图 3-72　点光设置

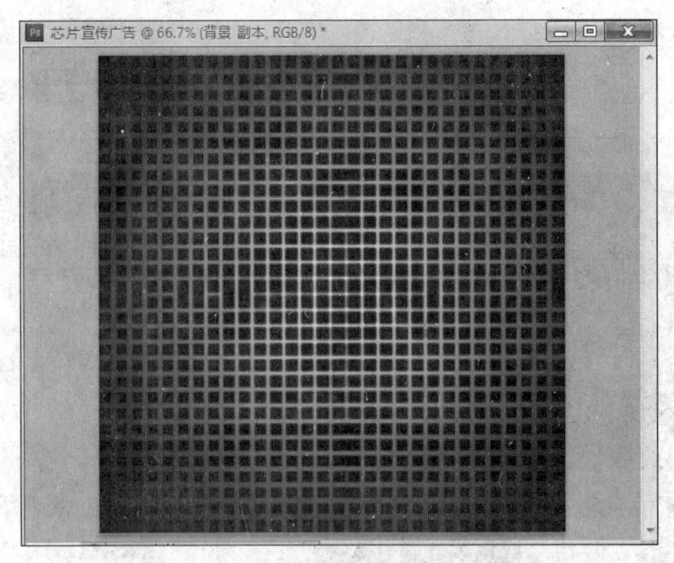

图 3-73　效果图

在“图层”面板中单击“创建新图层”按钮，如图 3-74 所示，新建“图层 1”，设置“前景色”为蓝色，即单击“工具箱”中的“设置前景色”按钮，如图 3-75 所示，打开“拾色器(前景色)”对话框，设置 RGB 值为(0,0,255)，如图 3-76 所示，单击“确定”按钮；再单击“工具箱”中的“油漆桶”工具，如图 3-77 所示，填充前景色如图 3-78 所示，得到效果如图 3-79 所示；在“图层”面板设置图层混合模式如图 3-80 所示，对话框中混合模式为“颜色”，如图 3-81 所示，得到效果如图 3-82 所示。

图 3-74　创建新图层

图 3-75　前景色

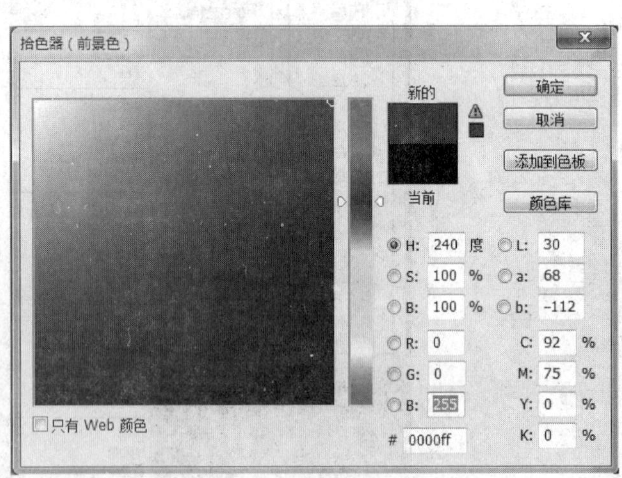

图 3-76　拾色器

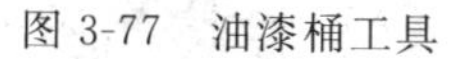

图 3-77　油漆桶工具

图 3-78　填充前景色

图 3-79　前景色

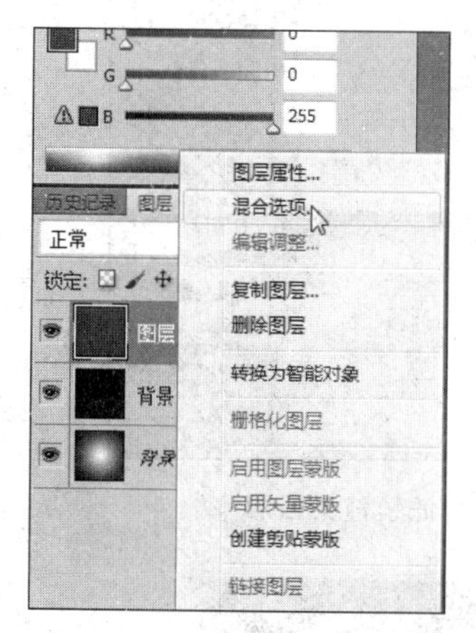

图 3-80　图层"混合选项"

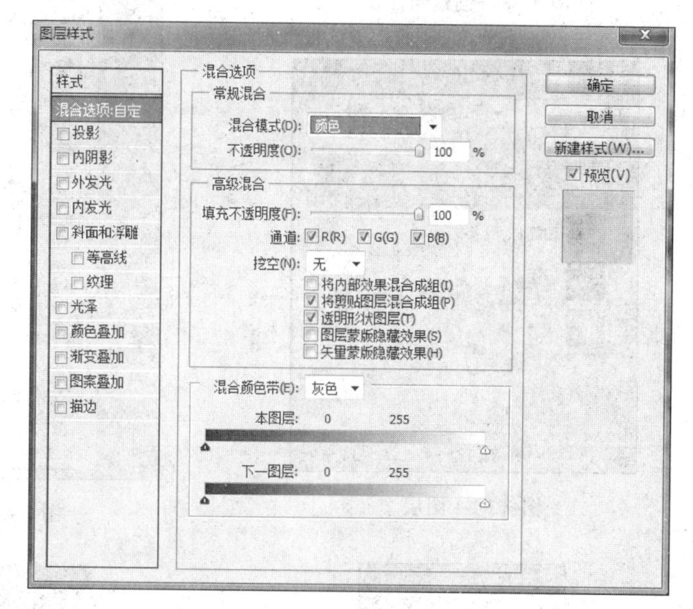

图 3-81　"颜色"混合模式

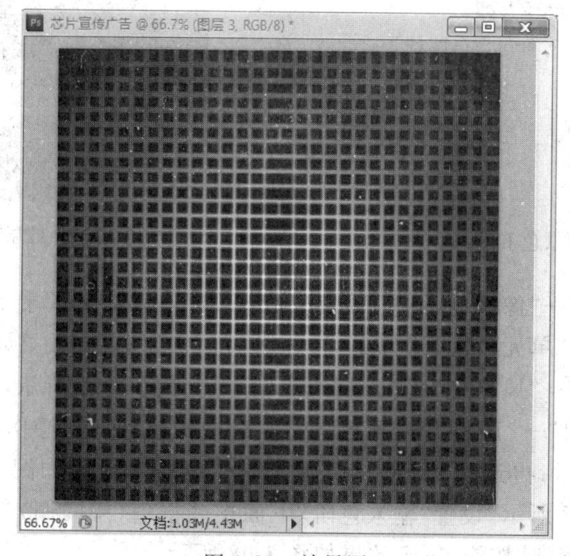

图 3-82　效果图

3）设置电路效果

（1）在“图层”面板中单击“创建新图层”按钮，如图 3-83 所示，新建“图层 2”，如图 3-84 所示，单击“工具箱”中默认前景色和背景色图标，如图 3-85 所示，将前景色和背景色设置为默认的黑色和白色，如图 3-86 所示；选择“滤镜”→“渲染”→“云彩”命令，如图 3-87 所示，得到效果如图 3-88 所示。

图 3-83　创建新图层

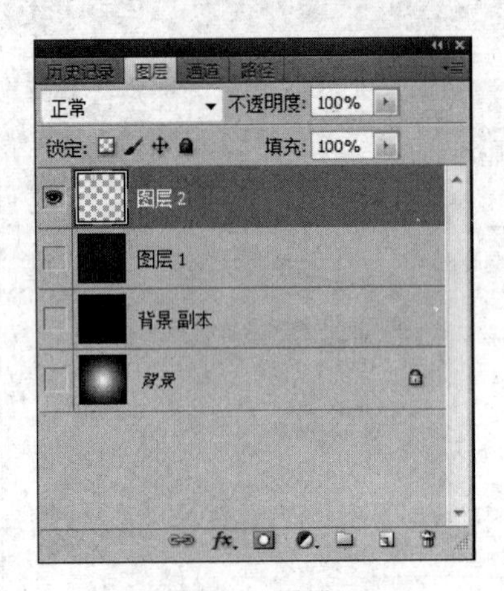

图 3-84　图层 2

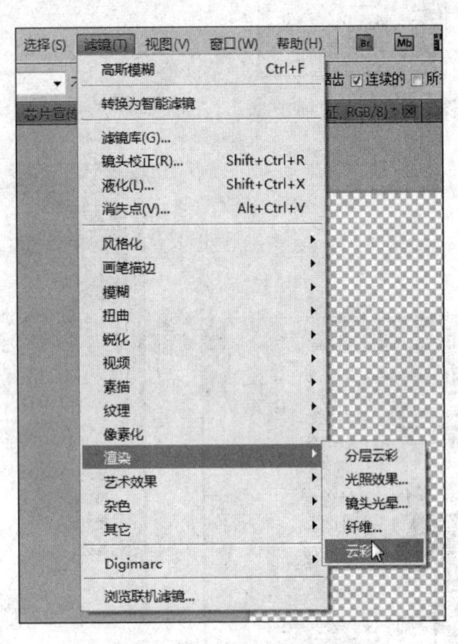

图 3-87　滤镜渲染云彩

图 3-85　默认前景色和背景色图标

图 3-88　效果图

图 3-86　默认前景色和背景色

（2）选择“滤镜”→“像素化”→“马赛克”命令，如图 3-89 所示，打开“马赛克”对话框，如图 3-90 所示，设置“单元格大小”为 20，单击“确定”按钮，得到效果如图 3-91 所示。

（3）选择“滤镜”→“风格化”→“查找边缘”命令，如图 3-92 所示，得到效果如图 3-93 所示，或者选择“图像”→“调整”→“反相”命令，对图像执行反相操作，如图 3-94 所示，得到效果如图 3-95 所示；再选择“图像”→“调整”→“色阶”命令，如图 3-96 所示，打开“色阶”对话框，如图 3-97 所示，设置“输入色阶”下面中间框值（中间调）为 0.44，最右边框值（高光）为 60，单击“确定”按钮，得到效果如图 3-98 所示。

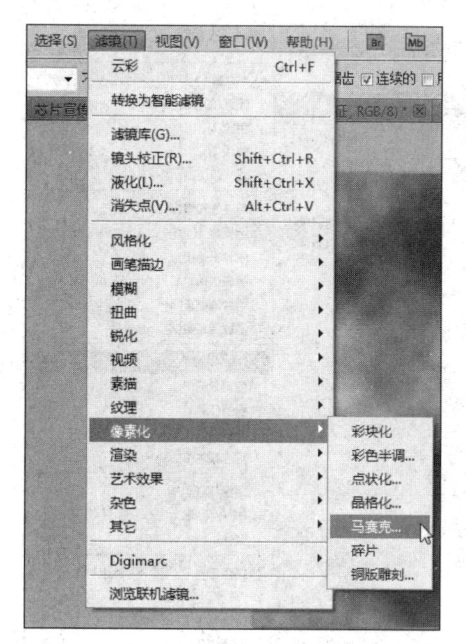

图 3-89　滤镜像素化马赛克

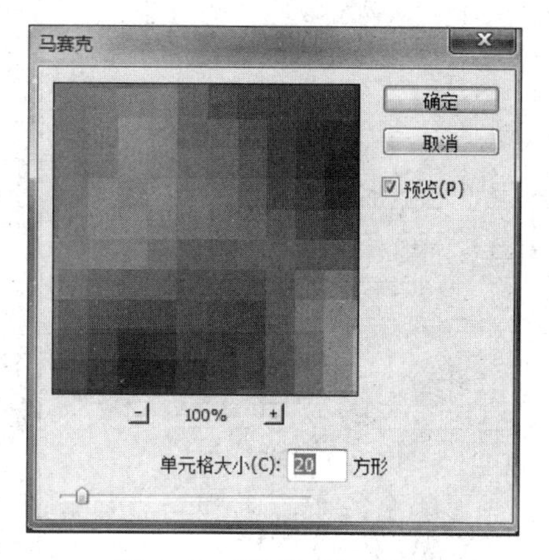

图 3-90　“马赛克”对话框

图 3-91　效果图

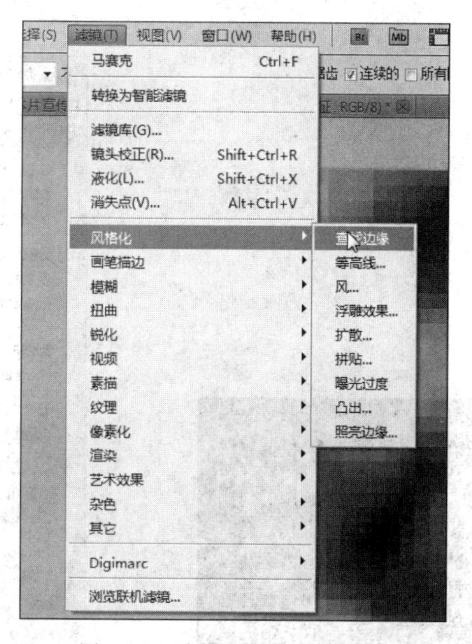

图 3-92　滤镜风格化查找边缘

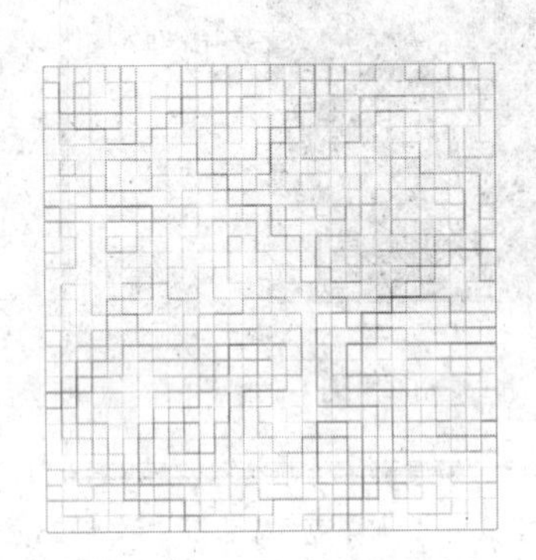

图 3-93　查找边缘效果图

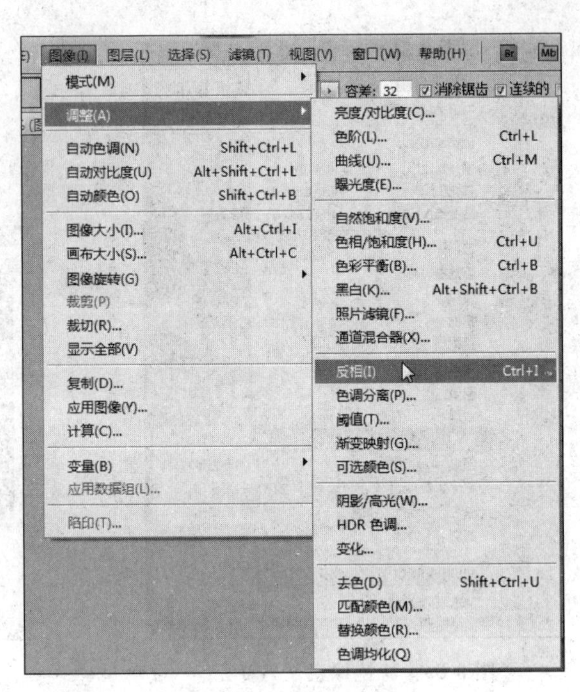

图 3-94　图像调整反相

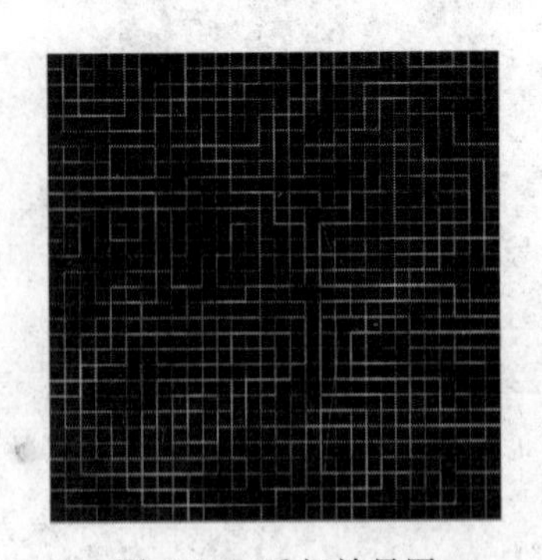

图 3-95　反相效果图

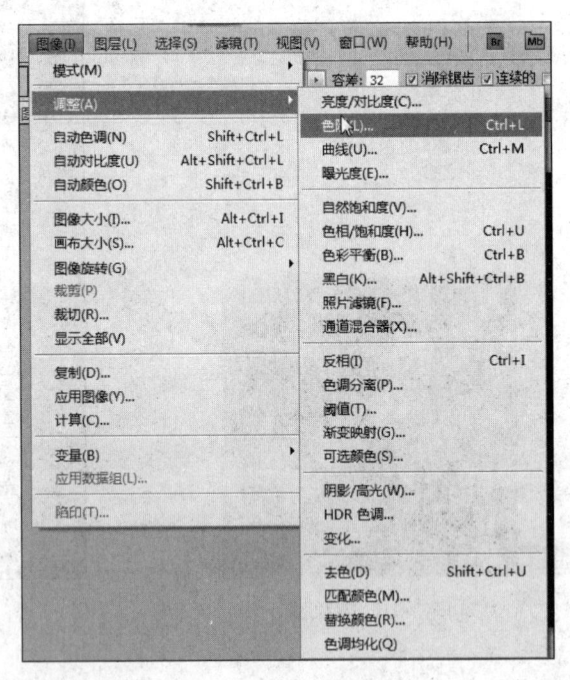

图 3-96　图像调整色阶

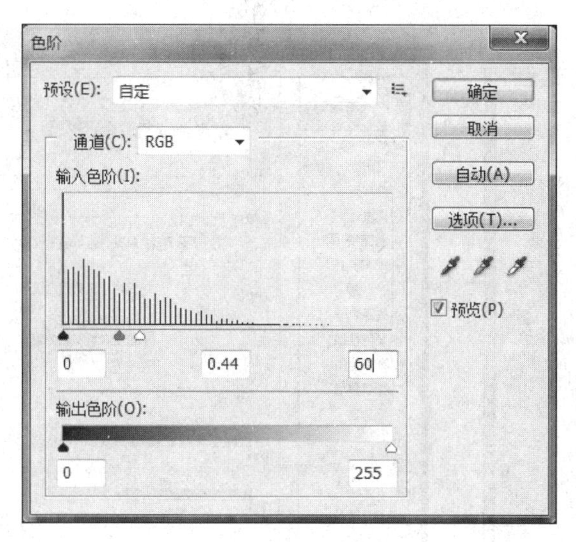

图 3-97 “色阶”对话框

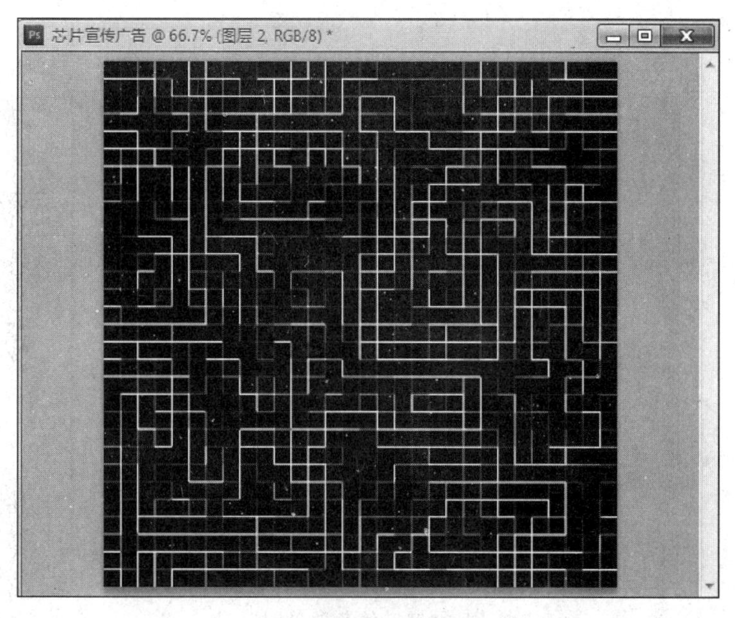

图 3-98 色阶效果图

(4) 在“图层”面板,设置图层如图 3-99 所示,混合模式为“滤色”,如图 3-100 所示,得到效果如图 3-101 所示;选择“滤镜”→“模糊”→“高斯模糊”命令,如图 3-102 所示,打开“高斯模糊”对话框,如图 3-103 所示;在对话框中设置“半径”为 1.5,单击“确定”按钮,得到效果如图 3-104 所示。

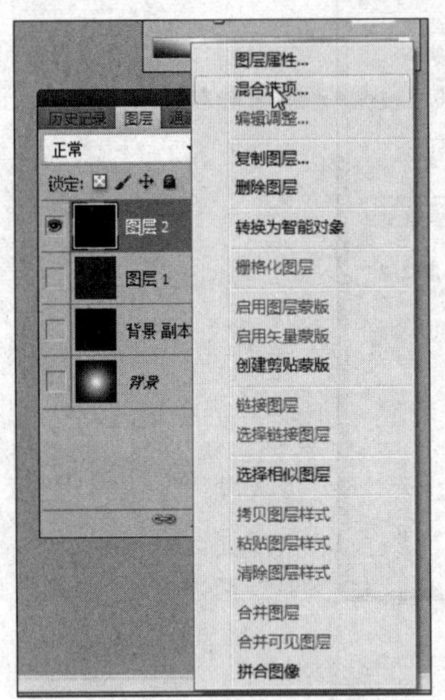

图 3-99　图层混合模式

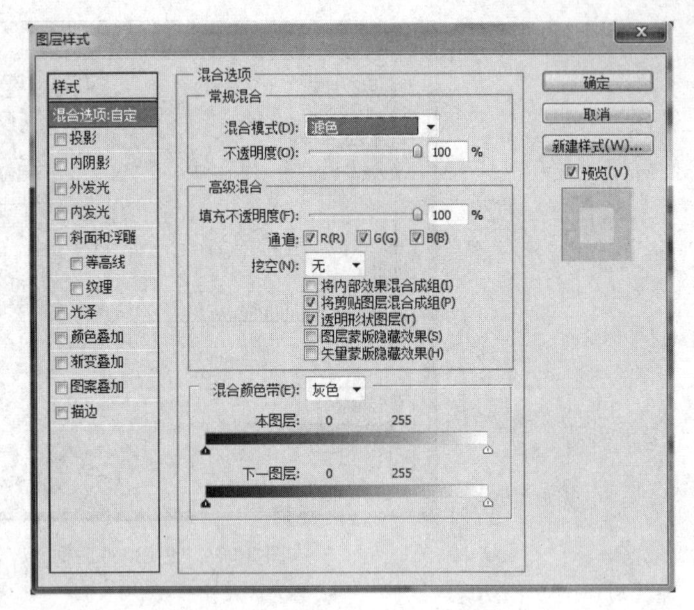

图 3-100　混合模式“滤色”

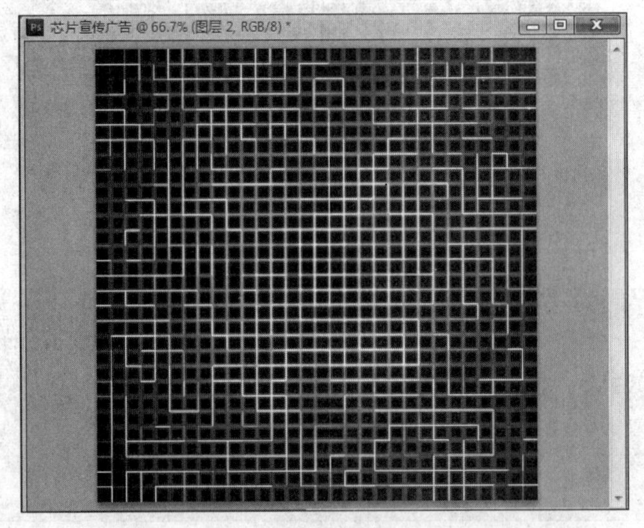

图 3-101　滤色效果图

小贴士：

Adobe Photoshop CS5 的滤镜效果非常多，除了软件本身提供的滤镜效果外，还有许多第三方的软件开发商生产的外挂滤镜效果。直接将第三方的滤镜放在“增效工具”文件夹中，再次启动 Adobe Photoshop CS5 的时候就可以使用这些滤镜效果。

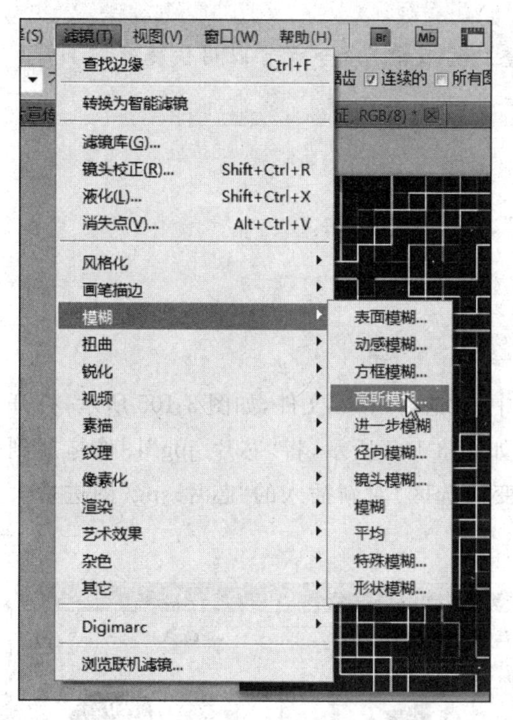

图 3-102　滤镜→模糊→高斯模糊

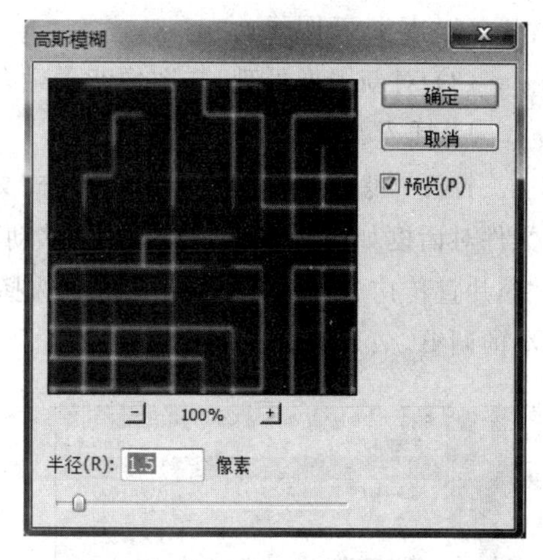

图 3-103　“高斯模糊”对话框

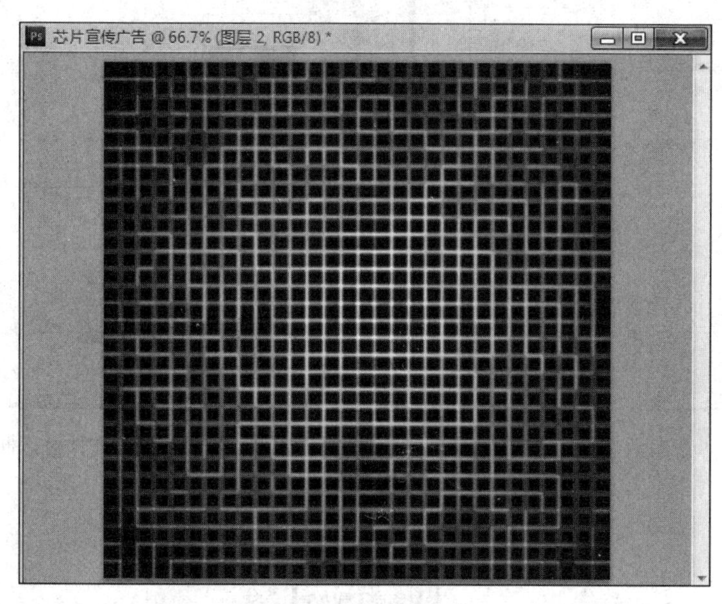

图 3-104　高斯模糊效果

小知识：

Adobe Photoshop CS5 中“图像”→“调整”→“反相”命令也可以用快捷键 Ctrl+I 进行设置。

2. 插入图像

在已完成的图像上加入新图像“芯片.jpg”，完成如下工作：

(1) 插入新图像；

(2) 对新图像处理，与图像背景融合。

1) 插入新图像

打开“滤镜应用实例三芯片广告”文件夹中的“芯片.jpg”文件，如图 3-105 所示，打开文件对话框如图 3-106 所示；使用“移动”工具如图 3-107 所示，将“芯片.jpg”图像拖放到“芯片宣传广告.psd”文件中，选择“选择”→“变换选区”对新插入的“芯片.jpg”图进行大小的调整，效果如图 3-108 所示。

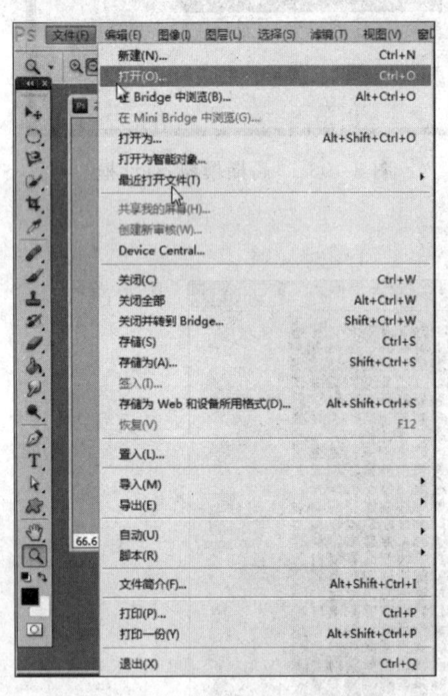

图 3-105 打开文件

图 3-106 打开文件对话框

图 3-107 移动工具

图 3-108　效果图

2）对新图像处理，与图像背景融合

单击“工具箱”中的“快速选择工具”，如图 3-109 所示，在图中点选全部背景图（除中间的芯片），如图 3-110 所示，选择“编辑”→“清除”命令，如图 3-111 所示，删除背景图效果如图 3-112 所示，再单击“选择”→“取消选择”命令，如图 3-113 所示，取消选区，效果如图 3-114 所示。

图 3-109　快速选择工具

图 3-110　背景图选取

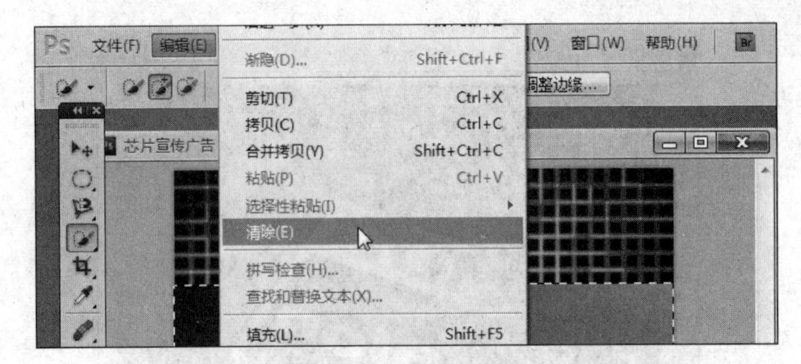

图 3-111 编辑清除

图 3-112 删除背景图

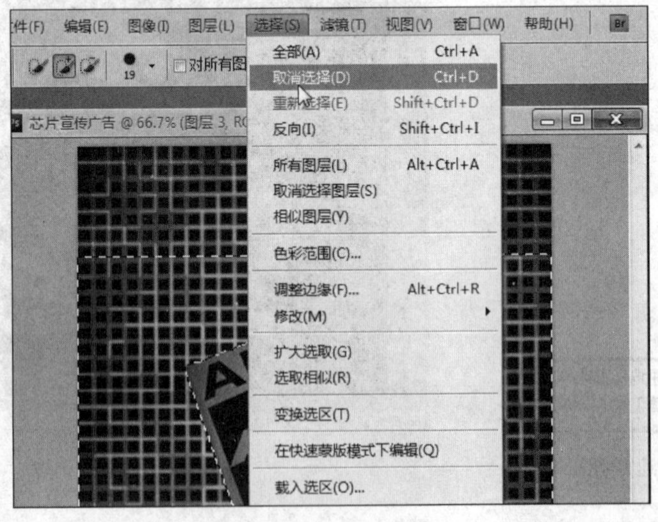

图 3-113 取消选择

图 3-114　效果图

小贴士：

在 Adobe Photoshop CS5 中，要对图像的局部进行编辑，首先要通过各种途径将其选中，也就是所说的创建选区。用选框工具选中所要编辑的区域后，就可以移动、拷贝、填充颜色或实现一些特殊的效果。

小知识：

在 Adobe Photoshop CS5 中删除背景图除了选择"编辑"→"清除"命令，还可以通过按 Delete 键进行删除。

3. 文字设置

在图像中添加文字，完成如下工作：

(1) 文字录入；

(2) 为文字添加样式。

1) 文字录入

在"工具箱"中选择"横排文字工具"，如图 3-115 所示，输入文字"科技改变生活"，如图 3-116 所示，设置文字颜色如图 3-117 所示，文字为白色，如图 3-118 所示；单击"编辑"→"自由变换"命令，如图 3-119 所示，调整文字大小如图 3-120 所示，应用变换，最后按 Enter 键后取消自由变换，如图 3-121 所示。

图 3-115　横排文字工具

图 3-116　输入文字

图 3-117　文字颜色设置

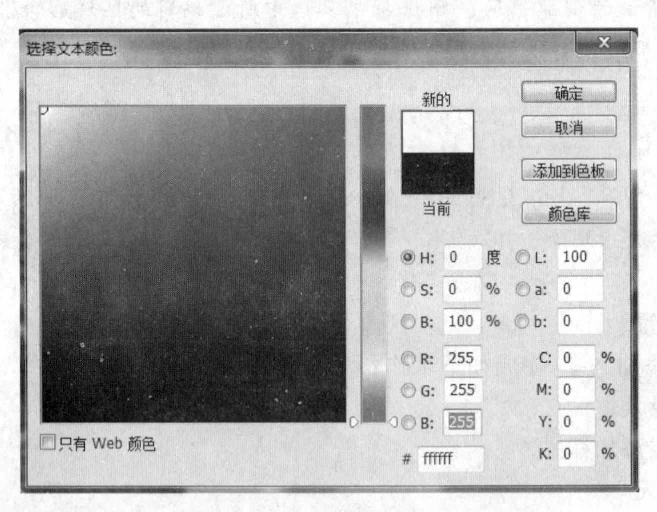

图 3-118　文本白色设置

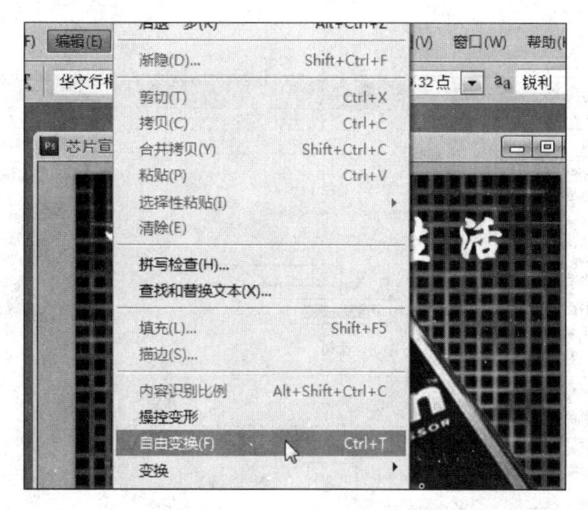

图 3-119　自由变换

图 3-120　调整文字大小

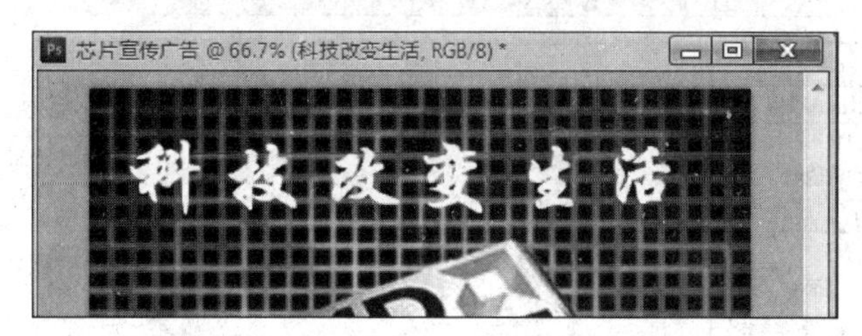

图 3-121　效果图

2）为文字添加样式

在文字层空白的地方双击鼠标，如图 3-122 所示，打开“图层样式”对话框，添加样式为“外发光”，如图 3-123 所示，在“外发光”对话框的第一个小块“结构”的最下面单击“设置发光颜色”按钮，如图 3-124 所示，打开“拾色器”对话框，选择颜色为蓝色，如图 3-125 所示，单击“确定”按钮；在第二个小块“图素”中设置“扩展”值为 30%，“大小”值为 32 像素，单击“确定”按钮，文字外发光效果如图 3-126 所示。

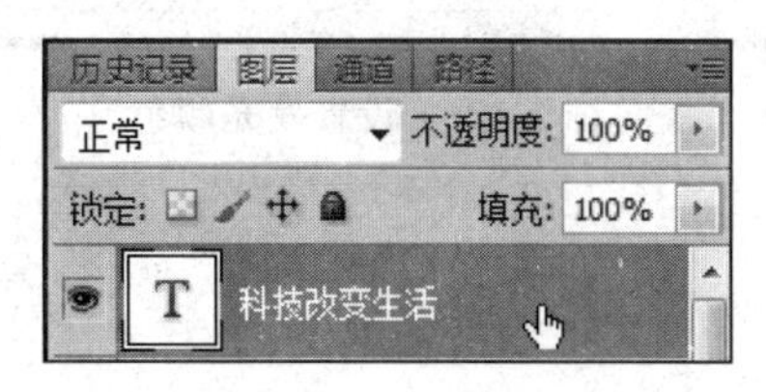

图 3-122　文字层

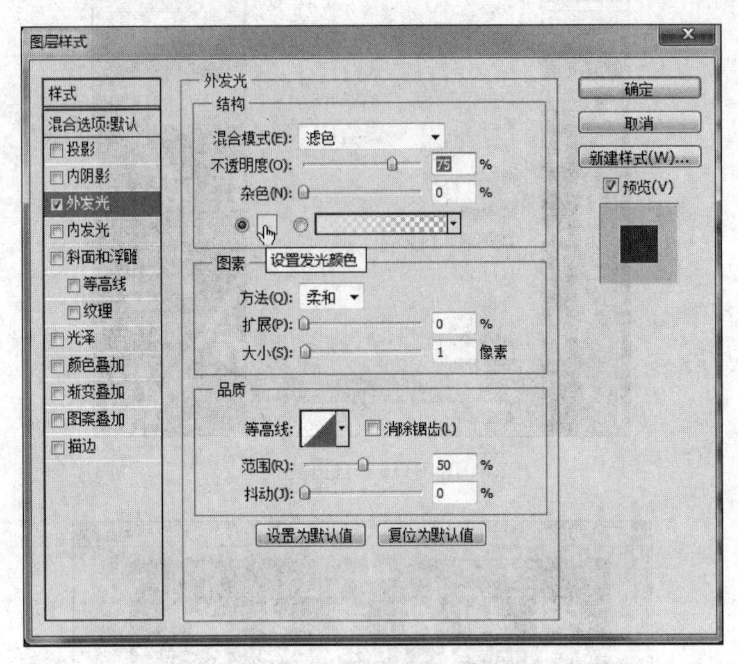

图 3-123　图层样式外发光

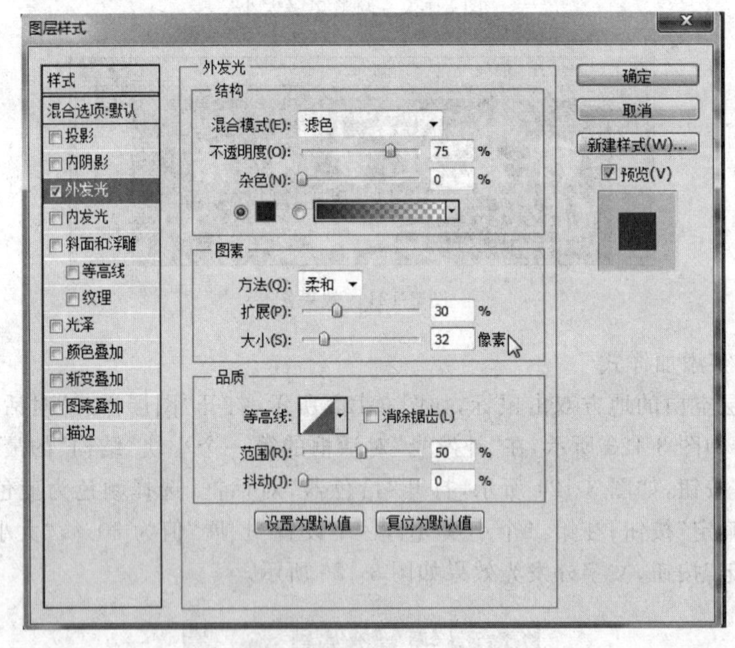

图 3-124　设置发光颜色

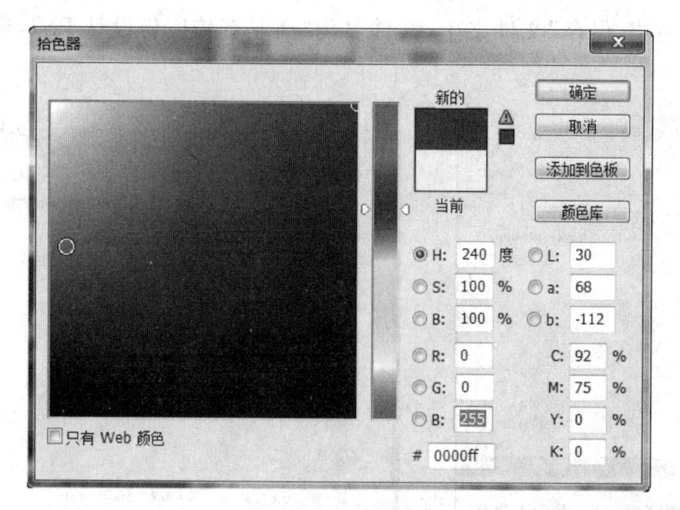

图 3-125　拾色器设置

图 3-126　文字外发光效果

小贴士：

在 Adobe Photoshop CS5 中，输入文字后，在图层调板中可以看到新生成了一个文字图层，在图层上有一个 T 字母，表示当前的图层是文字图层，并且会自动按照输入的文字命名新建的文字图层。

小知识：

在 Adobe Photoshop CS5 中，如果在工具选项栏中看到 ⊘ 与 ✔ 图标，说明文字工具处于编辑模式。单击 ⊘ 图标可以取消当前的操作，同时取消文字的编辑状态；单击 ✔ 图标表示确认当前的操作同时也取消文字的编辑状态。

4. 保存退出

已完成商业宣传广告的图像设计，需要对图像保存，完成如下工作：

(1) PSD 格式存储；

(2) JPEG 格式存储。

1) PSD 格式存储

选择“文件”中的“存储为”，如图 3-127 所示，弹出“存储为”对话框，如图 3-128 所示，进行设置，保存在“7 保存”文件夹中，文件名为“商业宣传广告设计 PS”，格式“PSD”，单击“保存”按钮。

图 3-127　文件“存储为”

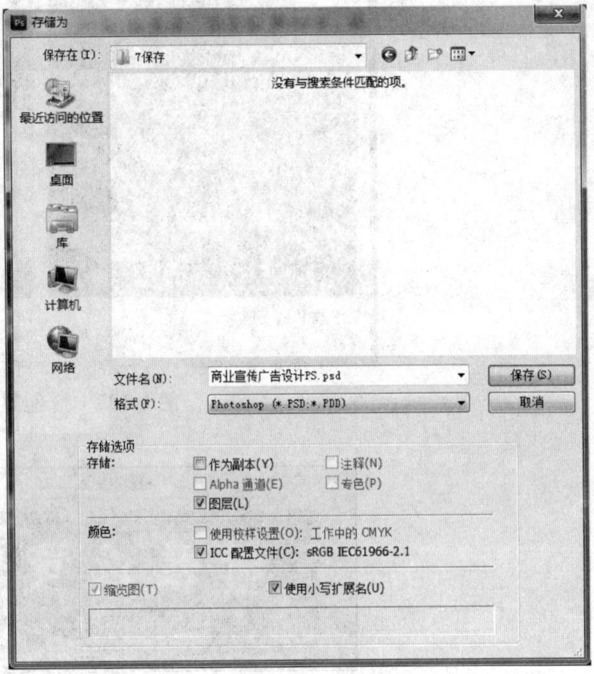

图 3-128　PSD 存储对话框

2) JPEG 格式存储

选择“文件”中的“存储为”命令，如图 3-127 所示，弹出“存储为”对话框，如图 3-129 所示，进行设置，保存在“7 保存”文件夹中，文件名为“商业宣传广告设计 PS”，格式“JPEG”，单击“保存”按钮，弹出“JPEG 选项”对话框，按图 3-130 所示进行设置，单击“确定”按钮。

小贴士：

Adobe Photoshop CS5 中存储为 PSD 格式的文件是一种无损失的方式，没有像素信息的改变，包含所有图层和通道的信息，可以随时进行修改和编辑。Adobe Photoshop CS5 中存储为 JPEG 格式的文件是一种有损失的压缩，经过 JPEG 压缩的文件在打开时会自动解压缩。

小知识：

在 Adobe Photoshop CS5 中存储 JPEG 格式文件，“图像选项”中品质值越高，图像效果越佳。

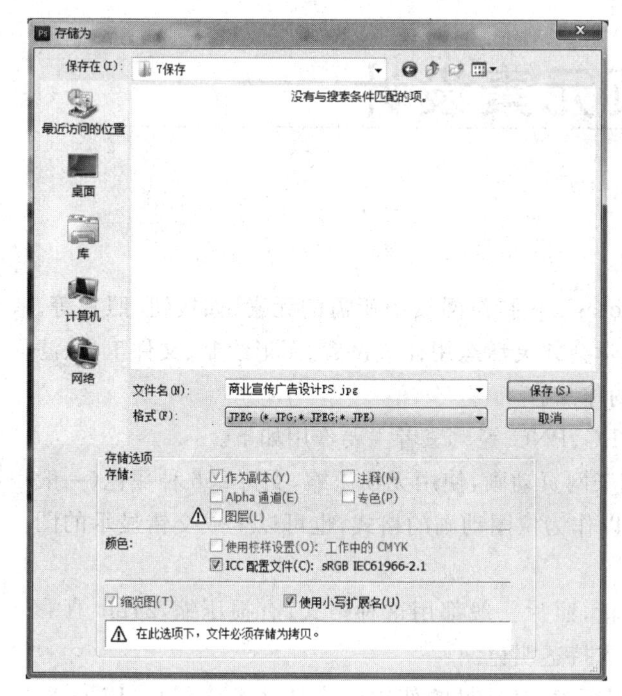

图 3-129　JPEG 存储对话框

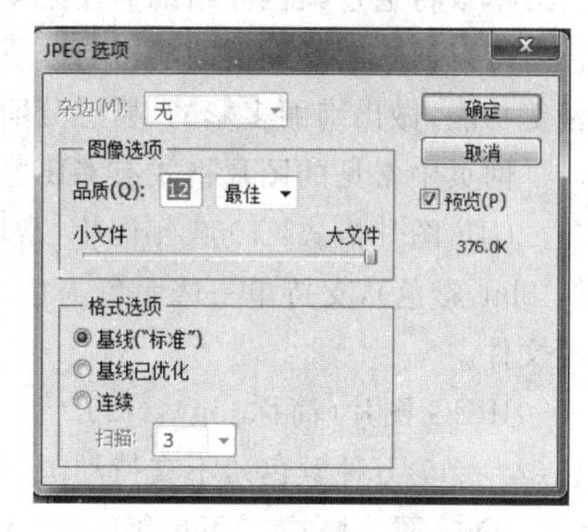

图 3-130　JPEG 选项设置

3.2.4　扩展练习

参照实训文件夹下的"手机宣传广告"文件，并建立自己的 Photoshop 文件，设计制作手机宣传广告，效果如图 3-131 所示。

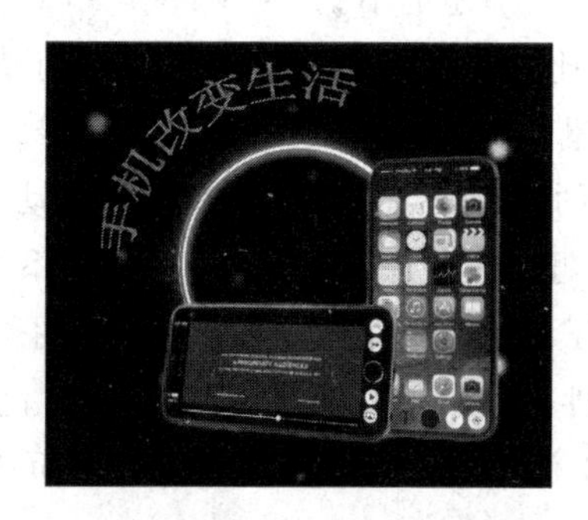

图 3-131　手机宣传广告

第4章 网页元素设计

本章将通过案例介绍如何使用 Photoshop 制作网页中所需的元素，如按钮、照片等。读者可以通过本章案例的学习与分析，学会并灵活运用样式设置、图形绘制、文件工具、滤镜等功能，做出绚丽多彩的、质感分明的作品。

网页中常见的图片格式有 GIF、JPEG、PNG 等。三者主要作用如下。

GIF 图片格式：1987 年诞生，常用于网页动画，使用无损压缩，支持 256 种颜色（一般叫 8bit 彩色），支持单一透明色。它可以作为位图动画的格式，也可以生成交错显示的图片文件。

JPEG 图片（简称 jpg）：1992 年出世，照片一般都用这种格式，有损压缩，24bit 真彩色（$2^{24}=17$ 万种颜色），不支持动画，不支持透明色。

PNG 图片格式：1996 年问世，无损压缩，最常见的使用格式是 256 索引色（PNG-8）和 24bit 真彩色（PNG-24）（当然 PNG 支持的颜色格式远不止此），支持 full alpha 通道（256 级可调半透明色），不支持动画。

三者比较，都有各自己的特性与优势。

JPEG 与 PNG 格式图片对比：JPEG 在照片压缩方面拥有巨大的优势，这方面无可替代，但是 JPEG 是有损压缩，图片质量会有损失。另外，一般屏幕截屏用 PNG 格式，其不但比 JPEG 质量高而且文件大小还更小。

GIF 与 PNG 格式图片对比：GIF 只在简单动画领域有优势（其实，GIF 256 色限制以及无损压缩机制导致高质量动画的发布一般都使用 Flash 等格式），只要没有动画，PNG 完全可以取代 GIF。总的来说，GIF 分为静态 GIF 和动画 GIF 两种，扩展名为.gif，是一种压缩位图格式，支持透明背景图像，适用于多种操作系统，“体型”很小，网上很多小动画都是 GIF 格式。其实 GIF 是将多幅图像保存为一个图像文件，从而形成动画，所以归根结底 GIF 仍然是图片文件格式。但 GIF 只能显示 256 色。和 jpg 格式一样，这是一种在网络上非常流行的图形文件格式。所以一般我们在网页中看到的动态图片一般都是 GIF 格式的。

在网络中一般小图标中很多图片格式都采用 png，png 是一种图片存储格式，可以直接作为素材使用，因为它有一个非常好的特点：背景透明。在制作图片时选择是什么格式输出，主要根据图片格式特性来选择最佳输出。

本章案例主要是从网页按钮元素设计与网页照片处理上去阐述和分析。

4.1 网页按钮元素设计

4.1.1 案例描述

网页中的按钮有很多种，有导航按钮、提示按钮、播放按钮、下载上传按钮等，按钮的作用主要是实现提交功能或标明当前操作的目的。而按钮风格、颜色等元素的设计要依据整个网页的风格而设计，怎么样把按钮设计得有质感，与背景或网络整体风格相呼应，下面通过案例给读者展现，图 4-1 的背景为暗灰色，而按钮为亮色，这样暗亮形成鲜明对比，突出按钮，让操作者一下就注意到按钮的位置及功能。

图 4-1　作品展现

4.1.2 案例分析

如何设计完美吸引用户点击的按钮？好的按钮设计一定会是醒目且能吸引用户眼球的。以下是好的按钮设计必不可少的 5 个特征：

1. 颜色

颜色一定要能与平静的页面相比更加与众不同，因此它要更亮而且有高对比度的颜色。

2. 位置

它们应当“坐落于”用户期望更容易找到它们的地方。产品旁边、页头、导航的顶部右侧……这些都是醒目且不难找到的地方。

3. 文字表达

在按钮上使用什么文字表达给用户是非常重要的。它应当简短并切中要点（不啰唆），并以动词开始，如注册、下载、创建、尝试等。如果想切实地达到吸引用户点击的按钮，添加“免费”二字的确可以起到诱惑的效果，当然那要真的是免费，不要误导或欺骗用户。

4. 尺寸问题

如果它是最重要的按钮并且希望更多的用户点击它，那么让它更醒目些是有必要的。把这个按钮设计得比其他按钮更大些并让用户在更多的地方找到并点击它。

5. 可“呼吸”的空间

你的按钮不能和网页中的其他元素挤在一起。它需要充足的 margin（外边距）才能更加突出，也需要更多的 padding（内边距）才能让文字更容易阅读。

在制作按钮前，先把整个按钮进行拆分，这样有利于更好地了解它的组成部分。如图 4-2 所示。

通过此案例让读者可以学会“图层样式”的使用与“滤镜”的使用，在此案例中的“底层”、“透光层”、“文字特效”主要用到图层样式的设置与使用，而“高光”主要用到滤镜。在

图 4-2　作品分析

下一节的案例实施中读者可以根据操作步骤分析为何这样做,这样做与不这样做会达到什么样的效果,从而达到灵活掌握图层样式的使用。图层样式的使用在 Photoshop 中应用非常广泛,很多图标效果都能通过此功能来完成。

4.1.3　案例实施

单击任务栏中的"开始"按钮 ,在"开始"菜单中选择"所有程序"列表中的 Adobe Photoshop CS5,打开软件,进入工作界面,完成如下工作:

(1) 按钮底层图的设计与制作;

(2) 按钮透光层的设计与制作;

(3) 按钮高光层的设计与制作;

(4) 按钮上的文字特效的设计与制作。

1. 按钮底层图的设计与制作

(1) 单击工具栏中的背景色设置按钮,此时弹出拾色器窗口,背景色色值设置为#202125,如图 4-3 所示。

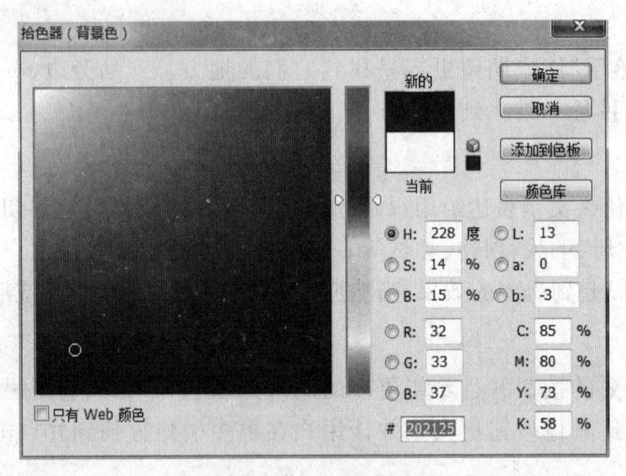

图 4-3　前景色拾色器

(2) 单击"文件"菜单,在下拉菜单中选择"新建"或者按快捷键 Ctrl+N,打开"新建"对话框,创建一个新文件,输入名称为"按钮背景",宽与高分别设置为 400 像素×200 像素,分辨率设置为 72 像素/英寸,颜色模式设置为 8 位的 RGB 颜色。背景内容设置为"背景色"。参数设置如图 4-4 所示。

(3) 单击"确定"按钮,此时在图层窗口中生成背景的图层,此时图层呈被锁定状态,如果想编辑此图层，单击图层窗口上方的锁状按钮，即可解锁图层。

（4）在工具栏中选择圆角矩形工具，如图 4-5 所示。

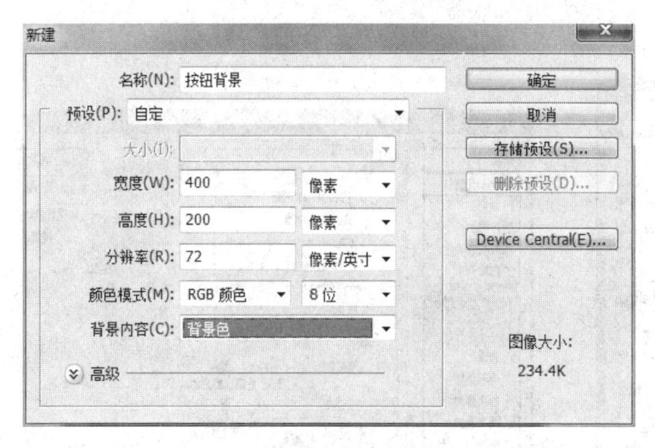

图 4-4　新建按钮文件窗口

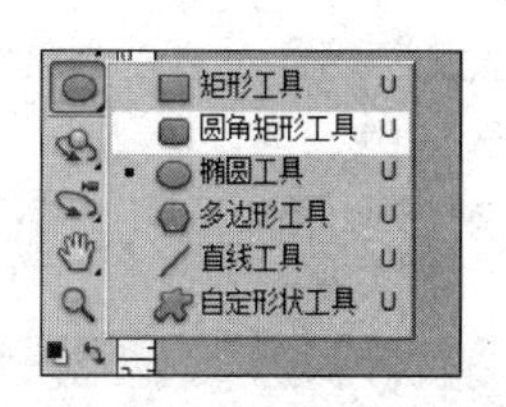

图 4-5　工具选择菜单

（5）将圆角半径设置为 30 像素，通过参考线画一个 240 像素×70 像素的圆角长方形，此时在图层窗口中默认出现一个形状 1 的图层，重命名为“底层”，如图 4-6 所示。

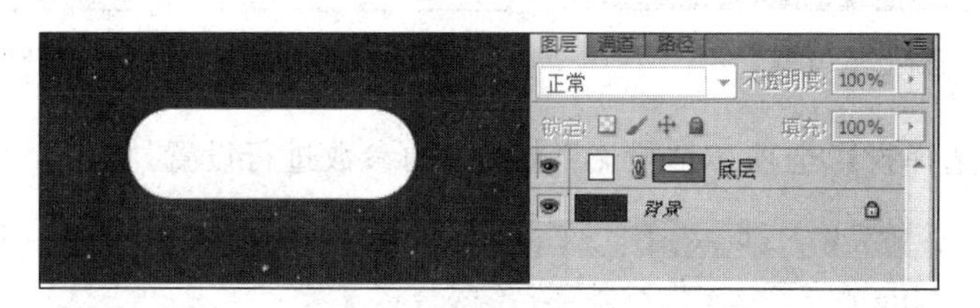

图 4-6　按钮底层

（6）选择“底层”图层，单击“图层”菜单，选择“图层样式”中的“混合选项”，弹出图层样式窗口，选择“渐变叠加”，对渐变叠加中的参数进行设置，如图 4-7 所示。

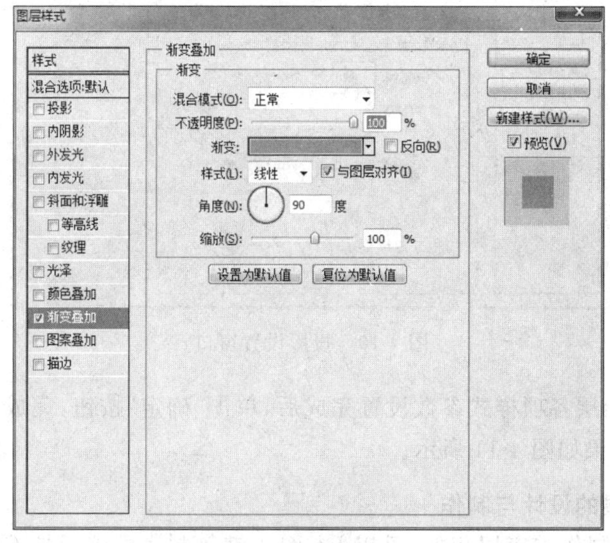

图 4-7　渐变叠加窗口

(7) 双击渐变色阶框，弹出渐变色阶设置，如图 4-8 所示。

(8) 单击“确定”按钮回到“图层样式”窗口，选择“斜面与浮雕”选项，对斜面与浮雕中的参数进行设置，如图 4-9 所示。

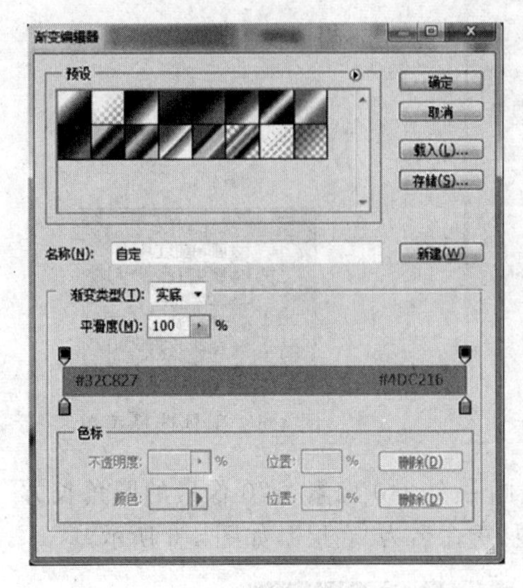

图 4-8　渐变编辑器

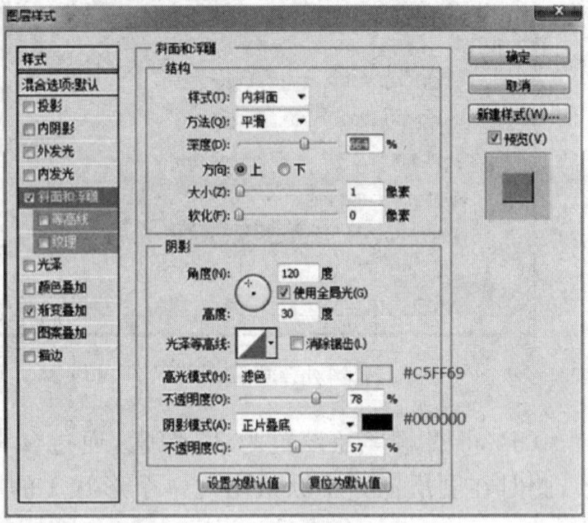

图 4-9　斜面与浮雕设置窗口

(9) 再单击选择投影选项，对“投影”选项中的参数进行设置，如图 4-10 所示。

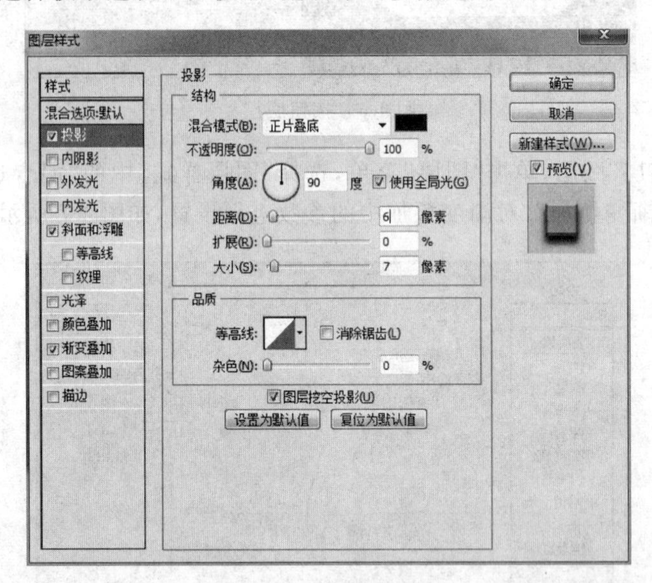

图 4-10　投影设置窗口

(10) 对底层图层各项样式参数设置完成后，单击“确定”按钮，完成底层样式的设置。按钮底层图层的效果如图 4-11 所示。

2. 按钮透光层的设计与制作

(1) 透光层的制作与底层相似，可以 Ctrl＋J 键复制底层然后按 Ctrl＋T 键缩放，最后对其进行图层样式的设置，也可以通过参考线画一个 230 像素×60 像素的圆角长方形，将此图层命名为“透光层”，选择“底层”与“透光层”，让其垂直与水平居中，如图 4-12 所示。

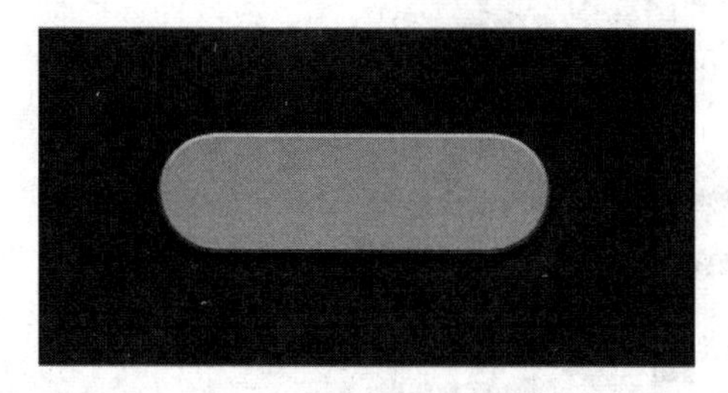

图 4-11　按钮底层图的效果

图 4-12　透光层的制作

小贴士：

在工具栏中选择移动工具，通过 Shift 键选择多个图层，单击快捷菜单中的排序按钮，可以将多个图层按左（右）对齐、上（下）对齐、垂直（水平）居中等方式进行排列。

（2）选择“透光层”图层，打开此图层的图层样式设置窗口，分别完成斜面和浮雕、描边、内发光、光泽、渐变叠加等参数的设置，首先对渐变叠加进行设置，详细参数如图 4-13 所示。

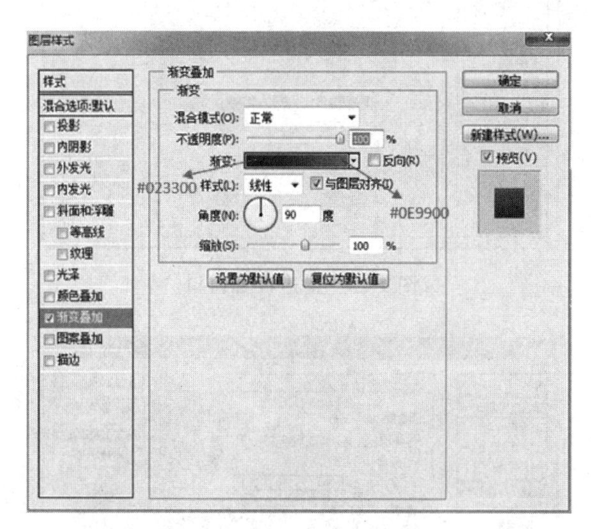

图 4-13　渐变叠加设置窗口

（3）设置斜面和浮雕选项参数，详细参数如图 4-14 所示。

（4）再对描边参数进行设置，详细参数如图 4-15 所示。

（5）对内发光参数进行设置，详细参数如图 4-16 所示。

（6）对光泽参数进行设置，详细参数如图 4-17 所示。

（7）对“透光层”图层各项样式参数设置完成后，单击“确定”按钮，完成此图层样式的设置。“透光层”最终效果如图 4-18 所示。

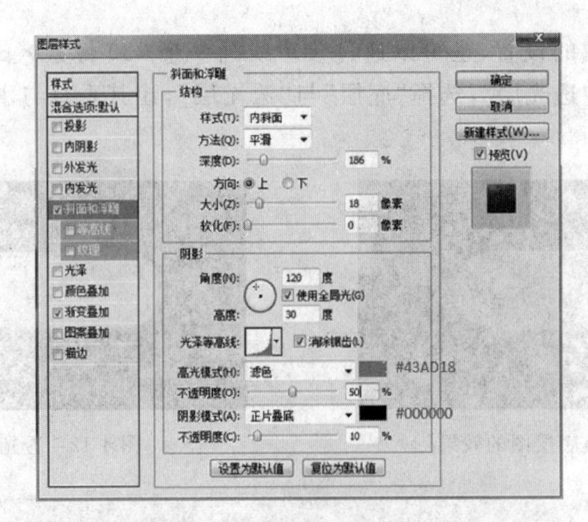

图 4-14 斜面和浮雕设置窗口

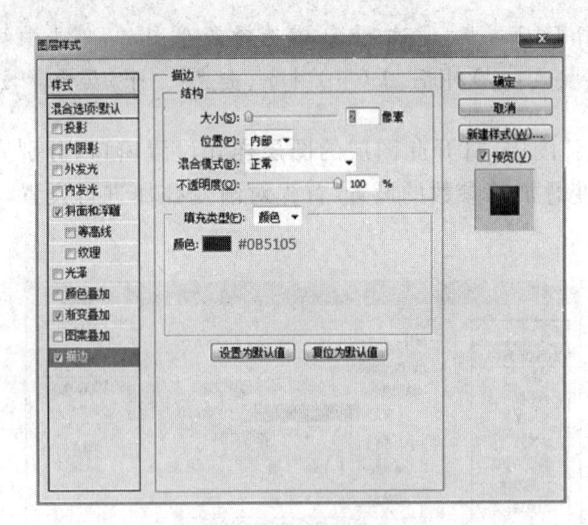

图 4-15 描边设置窗口

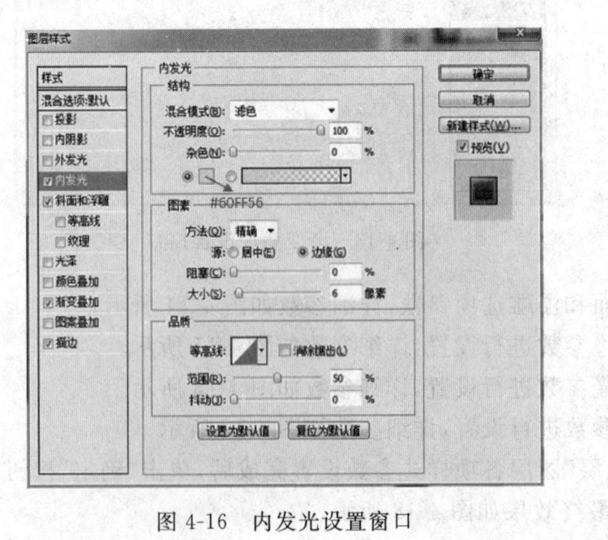

图 4-16 内发光设置窗口

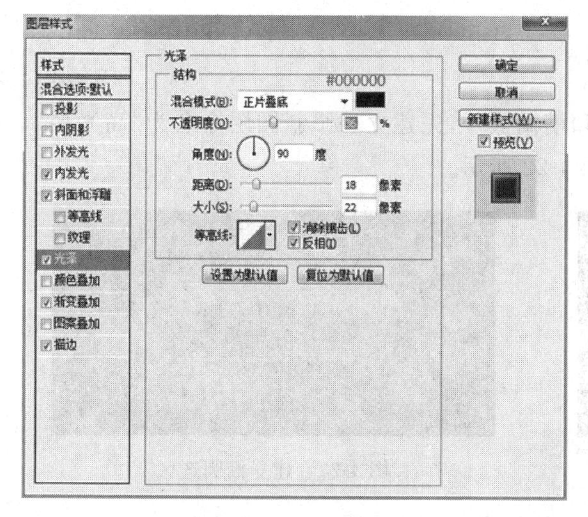

图 4-17 光泽设置窗口

图 4-18 透光层效果图

小贴士：

在工具栏中选择移动工具，通过 Shift 键选择多个图层，在快捷菜单中的排序选择状态下双击空白处或单击图层窗口最下方的第二个按钮 fx.，弹出菜单，任选一项都会打开“图层样式”窗口。

(8) 为了增添按钮的质感，可以选择一种图案填充进去，此图案自定义一个，操作方法：新建一个 2 像素×2 像素背景为透明的文件，用黑色填充 1 像素×1 像素的文件，如图 4-19 所示。

然后在“编辑”菜单中选择“定义图案……”，将此图定义为“图案方格”存储。

(9) 回到按钮操作界面，新建一个图层命名为“方格底纹”，然后在“编辑”菜单中选择“填充”，在填充窗口中找到刚才做的图案进行填充；选择“透光层”图层，按住 Ctrl 键，用鼠标在图层的窗口中单击此图层的蒙版，在按钮的操作界面中就会形成一个选区，如图 4-20 所示。

图 4-19 图案制作

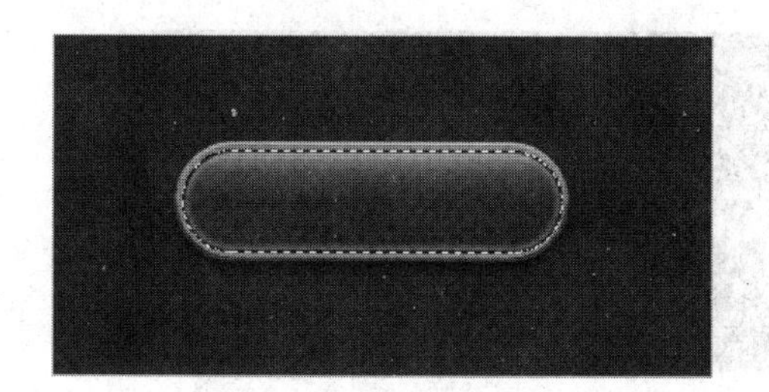

图 4-20 建立选区

(10) 然后选择“方格底纹”图标，在图层窗口中单击“添加图层蒙版”快捷按钮，即可让“方格底纹”的填充图案在选区中显示，除选区以外的不显示，最后“透光层”填充图案后的效果如图 4-21 所示。

3. 按钮高光层的设计与制作

(1) 高光层的制作主要用到了选区和模糊操作,先建立一个新图层命名为"高光层",然后在此图层上建立一个椭圆选区,如图 4-22 所示。

图 4-21 "透光层"填充图案后的效果

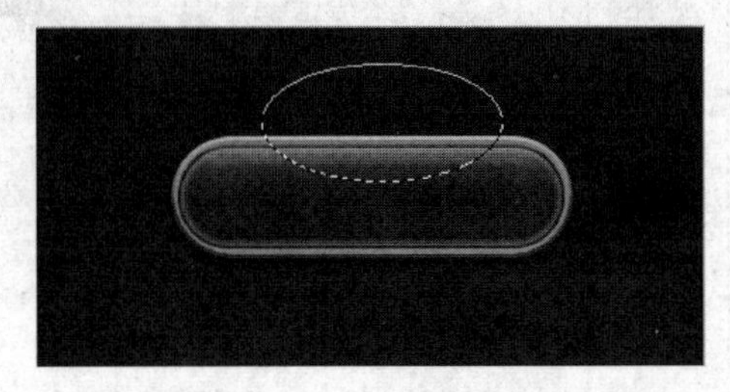

图 4-22 建立椭圆选区

(2) 在椭圆选区中填充白色,颜色值为♯FFFFFF,如图 4-23 所示。

(3) 取消选区,在"滤镜"菜单中选择"模糊"中的"高斯模糊",设置和调整高斯模糊,达到最佳效果为止,如图 4-24 所示。

图 4-23 椭圆选区填充

图 4-24 椭圆高斯模糊效果

(4) 执行 2. 中的第(10)步操作,然后在"选择"菜单中选择"反向选择"(按 Shift+Ctrl+I 键),建立反向选区,按 Delete 或 BackSpace 键,将选区中不要的区域去除。此处也可以按 2. 中的第(10)步通过添加图层蒙版来去除多余的部分,如图 4-25 所示。

(5) 重建一个新图层,同样对按钮的下部作高光效果,在此不再叙述,完成之后如图 4-26 所示。

图 4-25 椭圆高光层效果

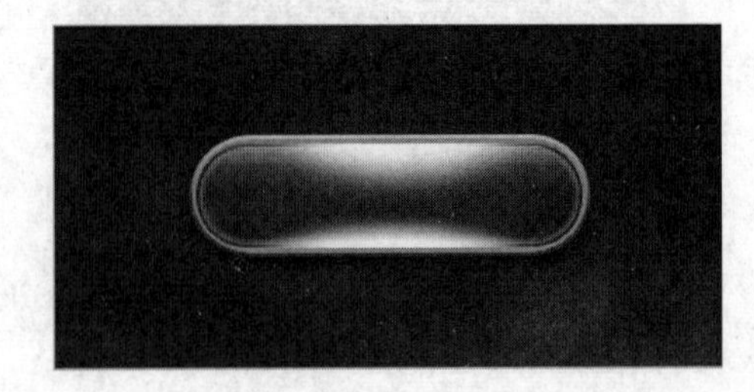

图 4-26 按钮上下高光层效果

(6) 把两个图层模式改为"叠加",调整两个图层的透明度,达到最佳效果,最终效果如图 4-27 所示。

4. 按钮上的文字特效的设计与制作

(1) 选择工具栏中的“横排文字工具” T ,在按钮上写“DOWNLOAD”单词,字体为 Mongolian baiti,字号为 24Px,与按钮主体垂直和水平居中,如图 4-28 所示。

图 4-27 无字按钮最终效果

图 4-28 按钮写字效果

(2) 在图层中选择文字图层,打开此图层的图层样式中的“渐变叠加”与“投影”进行设置,首先设置渐变叠加参数,各项参数详细设置如图 4-29 所示。

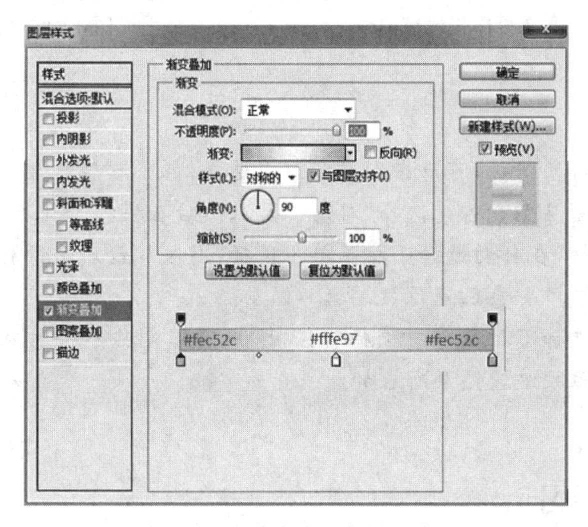

图 4-29 文字渐变叠加设置窗口

(3) 设置文字的“投影”样式,各项参数详细设置如图 4-30 所示。

(4) 文字图层样式设置完成后,单击“确定”按钮,完成文字图层样式的设置,至此按钮作品全部完成,最终效果如图 4-31 所示。

小贴士:

复制按钮:通过 Shift 键选择按钮所有的图层,然后再按住 Shift 键,用鼠标单击“图层”窗口底部第五个按钮,即“创建新组” ,将刚才所有选择的图层形成一个新组,新组名为“按钮 1”。选择“按钮 1”组,鼠标左键按住不放拖曳到“创建新图层”即可复制按钮,得到一个“按钮 1 副本”,重命名为“按钮 2”。也可以选择“按钮 1”组,然后按住 Alt+Shift 键,按住鼠标左键在图片上不放拖曳到任意位置,即可复制按钮。

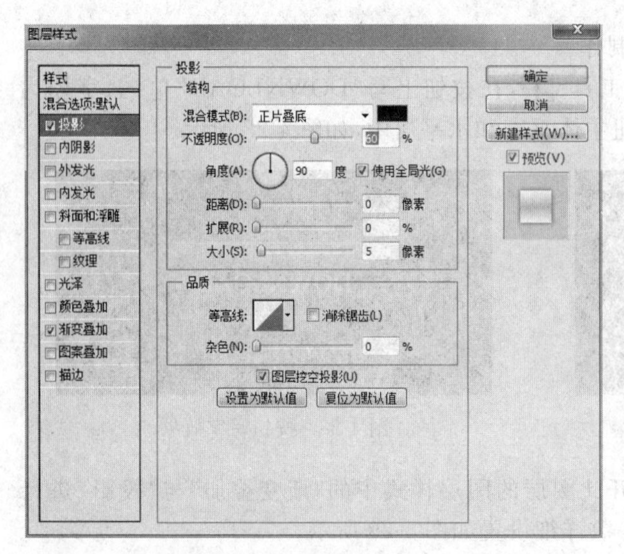

图 4-30　文字投影设置窗口

图 4-31　按钮作品最终效果

小知识：

- 选择要编辑的图层，可以在图层窗口中选择，但当图层非常多时，怎样快速找到要编辑的图层呢？首先选择"移动工具"，然后在快捷工具栏中的"自动选择"前打"√"选择，在自动选择下拉菜单中选择"图层"，最后用鼠标左键单击对象，此时图层窗口中会自己定位被编辑的图层。
- 当在自动选择下拉菜单中选择"组"时，用鼠标左键单击对象，此时图层窗口中会自己定位被编辑图层所在的组。

4.1.4　扩展练习

参照实训文件夹下的"按钮效果图"文件，并建立自己的 Photoshop 文件，设计制作按钮效果，效果如图 4-32 所示。

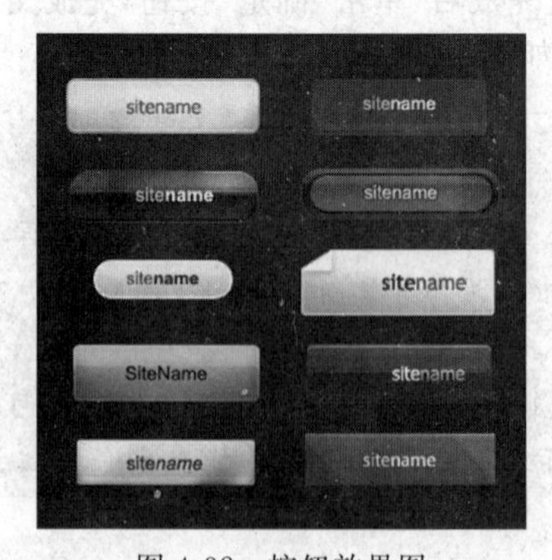

图 4-32　按钮效果图

4.2　网页照片处理

4.2.1　案例描述

网页中的照片处理实际上就是按照网页中的整体布局，对照片进行加工处理，然后融入到网页上，达到在网页上的应用。所以网页照片处理归根结底就是对照片的处理，照片处理用到的工具也很多，即使相同的效果也可以通过多种途径和方法来达到，无论哪种方法与途径对于从学习角度来讲，主要的目的是掌握 Photoshop CS5 工具的使用。本节通过对案例的操作与分析，让读者学会通过通道来处理图片。

本案例是把一个静止的汽车通过处理变成一个具有动感的图片。下方第一个图为原图，如图 4-33 所示。

通过图片处理加工后，使汽车动起来，如图 4-34 所示。

图 4-33　原图

图 4-34　最终效果图

4.2.2　案例分析

图片是网站中的一个重要组成部分，图片使用是否得当会直接或间接影响到网页的整体美观性。通过观赏许多知名网站发现，网页中的图片都能给人一种共鸣的感觉，不仅能突出重点，同时也给人比较好的视觉享受。

如何展示网页中的图片？非常简单，保持清晰，所有无关的元素都不要出现在页面上。当一张好看的图片出现在我们眼前时，它可以瞬间抓住我们的注意力，引起我们的共鸣。因此，创建一个有吸引力的网站，图片的设计至关重要。

此案例主要是针对图片的处理与再加工，即怎么样让一个静止的汽车变成运动中的状态，在这个案例中主要是通过对 Photoshop 中的"滤镜"、"通道"与"蒙版"的功能使用，达到熟练掌握这三个知识点。

从最终效果图和原图对比可以看出，除了车的背景与车尾作了动感处理，车的其他部分都没有变化。读者看到这个就应该直接想到对指定的"选区"进行动感处理，动感处理是通过滤镜来完成的。这样一来这个思路就很清晰了，先选择要编辑的区域，再对被选区域作滤镜处理。

4.2.3 案例实施

单击任务栏中的“开始”按钮，在“开始”菜单中选择“所有程序”列表中的 Adobe Photoshop CS5，打开软件，进入工作界面，完成如下工作：

(1) 用快速蒙版建立选区；

(2) 通道的应用；

(3) 汽车动感效果的实现；

(4) 最终效果图展现。

1. 用快速蒙版建立选区

(1) 打开 Photoshop 软件，打开“文件”菜单，在下拉菜单中选择“打开”选项，或者通过 Ctrl+O 键打开原图。用工具栏中的“椭圆选框工具”或是“套索工具”，在图片上任意画一个选区，单击工具栏中的“以快速蒙版模式编辑”，现在画面上出现了大面积的半透明的红色毛玻璃，如图 4-35 所示。

注意看一下图层面板，这里并没有增加一层。这红色的东西就是快速蒙版。在选区以内的画面，是没有红色的，只有选区以外才有红色。这让我们想到：这是选区的另一种表现形式。凡是我们要的，就是完全透明，不发生任何变化。凡是我们不要的，就用红色的蒙版给蒙起来了。那么，只要我们改变红色的区域大小形状或者是边缘，也就等于是改变了选区的大小形状或边缘。所以说，蒙版就是选区，只不过形式不一样而已。这是我们第一个要理解的。

(2) 选区是很难改变它的边缘的，要细细地用套索工具来弯弯曲曲地画，而蒙版就方便多了。我们可以用画笔来画。单击画笔工具，把前景色设为白色，不透明度选为 100%，再到上面属性栏的“画笔”后的下拉三角形菜单里找到“63”，这是一种大油彩蜡笔笔刷，如图 4-36 所示。

图 4-35 快速蒙版模式编辑

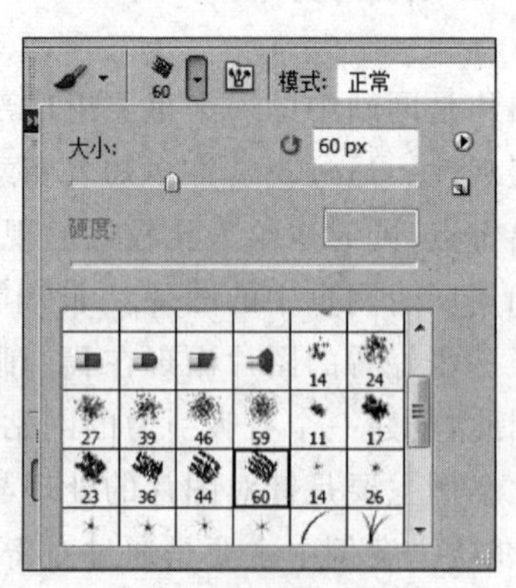

图 4-36 笔刷设置

现在就用这种笔刷在画面上画，把刚才的椭圆部分扩大。我们看到，画笔好像是橡皮擦一样，把蒙版擦掉了，这正是因为刚才我们选的是白色，如图 4-37 所示。

图 4-37 蒙版修改状态

这样就产生了我们所需要的选区。如果觉得选区太大了，要改小，那就把前景色改成黑色，再来画。现在画出来是红色半透明的蒙版。这也是蒙版的好处，可以随意地修改，比套索工具画选区方便多了。这里，我们发现一点：在蒙版上，是不能画上彩色的(因为这只是选区，不是绘图)。用白色画，画出来是透明部分，是我们要的部分。用黑色画，是半透明红色蒙版，是我们不要的。如果用灰色来画，就是羽化。如果用深红色来画，会自动变成深灰色。如果用浅红色来画，它就会变成浅灰色。这里，最重要的是要记住：白色是我们选中的，黑色是我们不要的。这一点千万不要搞反了。而且在今后的通道学习中还要用到。

小知识：

修改选区时也可以用橡皮擦。橡皮擦与画笔是相反的。黑色的橡皮擦等于白色的画笔。

满意之后，单击刚才“以快速蒙版模式编辑”左边的按钮“以标准模式编辑”。蒙版变成了选区，如图 4-38 所示。

图 4-38 创建选区

小贴士：

以后在做选区的时候，也不必先画一个椭圆，打开照片后，直接转入蒙版模式，用黑色画笔把不要的部分涂抹出来，再用白色画笔修改，再转回到标准模式，选区就有了。或者是打开照片，进入蒙版模式后，给整个图片填充黑色，这样，全图都是半透明的红色。再用白色画笔来画出需要保留的部分。这个方法用于抠图也是非常有效的。

2. 通道的应用

(1) 对汽车创建的选区进行存储,单击“选择”菜单中的“存储选区”,给选区起名为“汽车”,如图 4-39 所示。

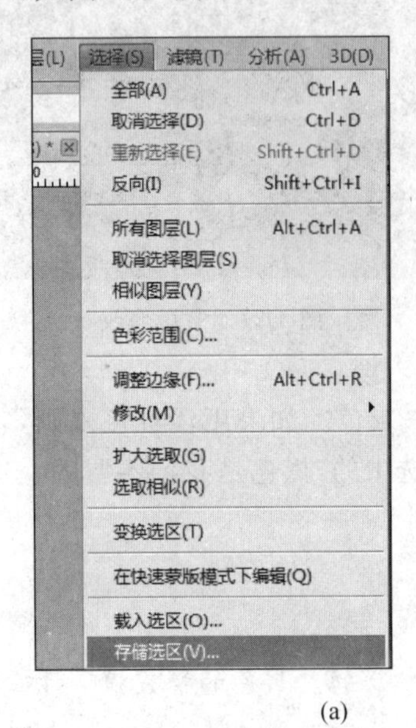

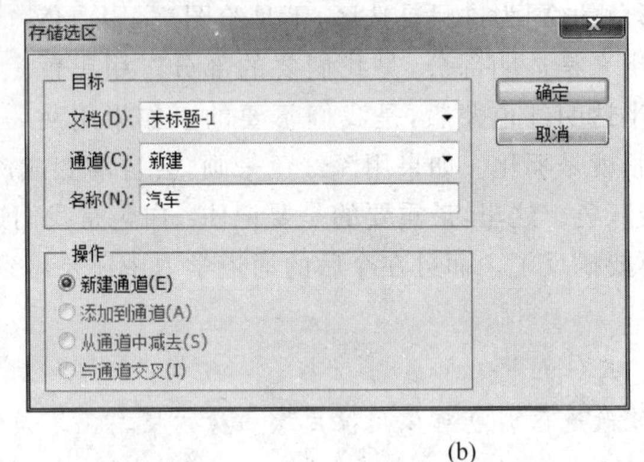

(a)　　　　(b)

图 4-39　存储选区

(2) 打开“通道面板”。如果没有的话,在窗口菜单下单击“通道”,如图 4-40 所示。

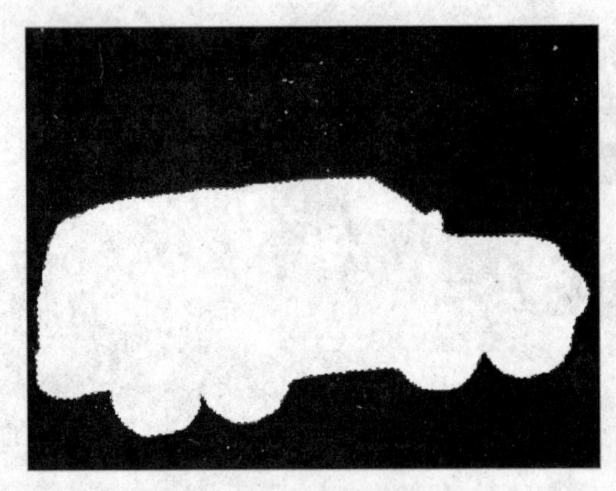

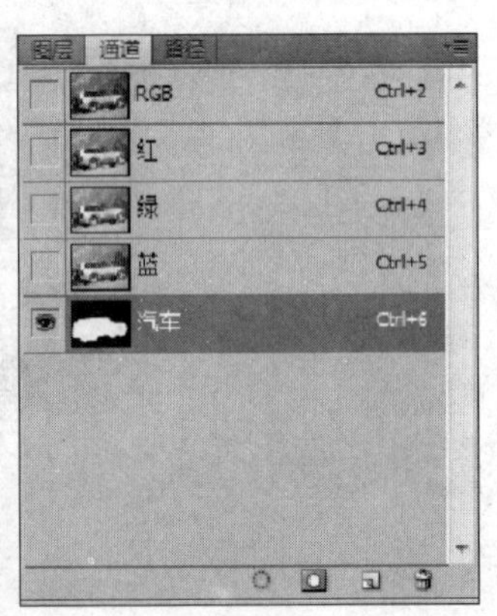

图 4-40　通道

在通道面板上,有好几个层。RGB、红、绿、蓝,最后一个是“汽车”层。工作区中是一个白色的汽车轮廓,四周全是黑色的。这跟画快速蒙版是一个道理:白色是我们所要的,黑色是我们所不要的。这就是存储选区时存储的。看上面的“颜色面板”,只有黑白,没有别的颜色。选区的特点就是黑白世界。因为它只表达两个选择:要,还是不要?还有就是灰色,模棱两可,但灰色还是黑与白的混合。用白笔画出需要的,用黑笔画出不需要的。

(3) 不要取消选区,在选区内部用“渐变工具”来画,在工具来中选择“渐变工具”,

单击“渐变工具”，在属性栏中单击“线性渐变”，如图 4-41 所示。

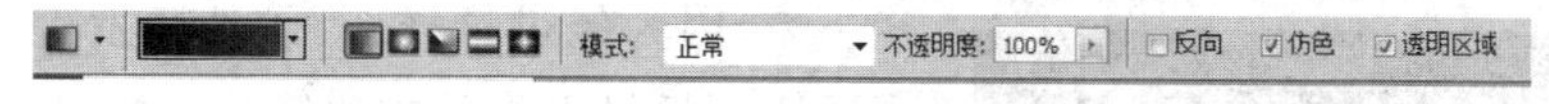

图 4-41　渐变工具属性栏

然后再单击从左边数第二个(那个最大最宽的)按钮“点按可编辑渐变”，在这里可以指定颜色。弹出一个对话框，颜色由白色渐变到黑色，如图 4-42 所示。

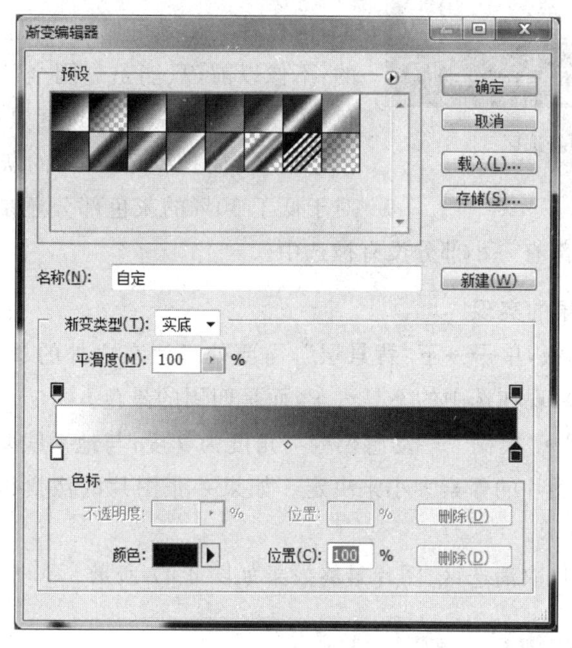

图 4-42　渐变编辑窗口

(4) 现在要把汽车的尾部画上渐变色。回到通道面板后，用鼠标选中汽车后半部作为起点的地方，然后向左拉，稍稍顺着汽车的坡度，直到汽车的最后部分，拉出一条渐变线，如图 4-43 所示。

(5) 松手之后，汽车的后尾部渐渐地黑了。这并不是说汽车变黑了，而是后尾的汽车慢慢地由要变到不要了，这是我们的目的，如图 4-44 所示。

图 4-43　渐变线

图 4-44　渐变线效果

(6) 画算是画好了，现在又进入关键时候。要退出通道面板。在退出之前，要把选区定下来，因为经过这样一画，选区发生了变化。单击通道面板最下面的左边第一个按钮“将通道作为选区载入”。原先的选区消失，产生了一个新的选区，如图 4-45 所示。

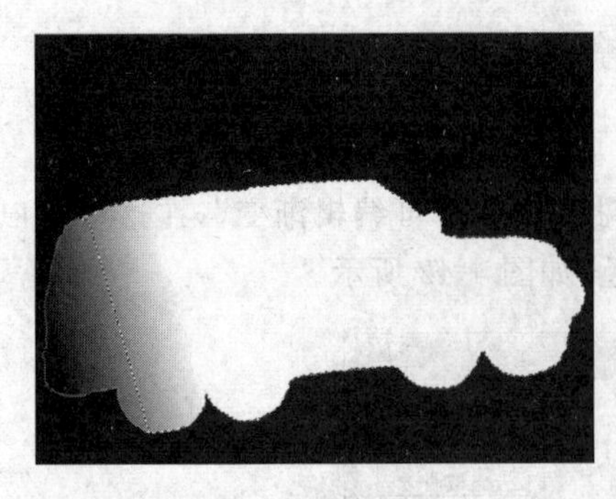

图 4-45 新选区

这里可以看得很清楚：其实这是一种羽化效果，但这种羽化是可见的，而且是单边的，可以控制的，不像以前，只能是一圈全部羽化。由白色到灰色，再由灰色到黑色。选区是把高于 50% 的灰色框进去了，而把低于 50% 的灰色放到框外。但是对于低于 50% 的灰色部分还是起着作用的。现在的意思是，汽车的尾部有一小部分没有被选中。

3. 汽车动感效果的实现

(1) 回到图层面板，单击一下“背景层”，需要处理汽车之外的景色。反选一下（按快捷键 Ctrl+Shift+I），现在选中的不是汽车，而是四周的景色。

(2) 打开“滤镜”→“模糊”→“动感模糊”，角度为 9 度，与地平线基本相一致。距离的设置要看效果，根据图片的像素大小来决定。如果一张图片的像素很大，显然 33 像素就不够用，如图 4-46 所示。

单击“确定”按钮，取消选区，图片最终效果如图 4-47 所示。

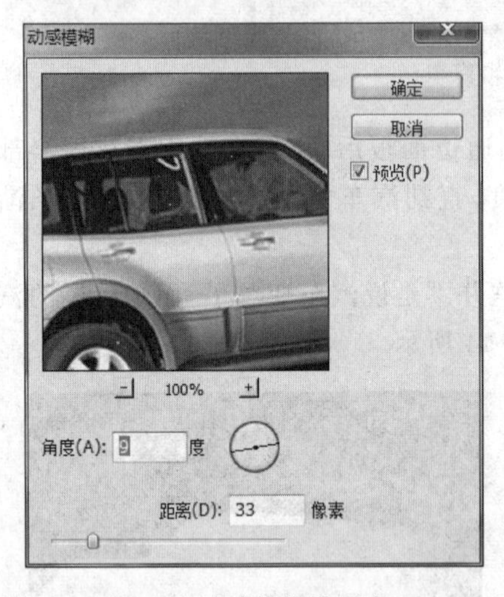

图 4-46 动感模糊设置窗口

图 4-47 最终效果图

至此，我们制作成功了。由于没有选中汽车的尾部，反选之后，尾部也一起发生了动感模糊。这就达到了我们的目的。

4.2.4 扩展练习

参照实训文件夹下的"柿子"文件，并建立自己的Photoshop文件，设计制作柿子广告效果，如图4-48所示。

图4-48 最终效果图

第 2 篇　Dreamweaver CS6 高级应用

第5章 网站欣赏

5.1 网站整体设计

前面主要介绍了网页制作的相关知识，本章将通过案例具体介绍利用Dreamweaver来规划设计网站。

5.1.1 案例描述

本案例利用Dreamweaver相关工具规划南京工业大学浦江学院网站，如图5-1所示。主要设计网站整体布局和导航条。

5.1.2 案例分析

网站建设是学校教育信息化建设的重要方面，是适应现代教育技术和信息技术的发展，加大学校对外交流与宣传力度，提高教学、科研、管理效率的重要途径。学校网站是对外宣传的窗口，也是加强与校外联系，互相学习，共同发展的阵地。

南京工业大学浦江学院主页结构清晰、布局简洁，充分结合了现代教育理念，将学习与网络合理地进行了整合，实现了教学对象广泛、使用方便、时间自由以及节约成本等特点。

要创建"浦江学院"网站，首先要做好两方面的工作：第一，充分认识教育网站的特点，清楚制作教育网站应该遵循的基本原则；第二，做好站点规划工作，包括网站栏目结构设计、网站层次结构和网站信息保存方式等。以上工作完成后，就可以根据规划在Dreamweaver CS6中定义本地站点并创建站点结构。

根据以上分析，要完成网站整体规划需要以下几个步骤：

(1) 网站整体定位和设计原则；

(2) 网站标识与色彩设计；

(3) 网站导航与布局设计；

(4) 在Dreamweaver CS6中定义本地站点并创建站点结构。

图 5-1　南京工业大学浦江学院主页

5.1.3　案例实施

1. 网站整体定位和设计原则

南京工业大学浦江学院以“明德、厚学、沉毅、笃行”为校训，采取“工本位”的办学理念，南京工业大学浦江学院主页在设计建设过程中遵循了以下几点原则：

(1) 以南京工业大学浦江学院定位与职能为基础进行栏目设置；

(2) 强调以用户需求为出发点，关注学生和教师的需要；

(3) 按访客需求做首页要求，突出校园文化特性。

2. 网站标识与色彩设计

通常网站为体现其特色与内涵,设计并制作一个 LOGO 图像放置在网站的左上角或其他醒目的位置,如图 5-2 所示。

南京工业大学浦江学院 LOGO 采用欧洲传统盾形徽章纹样,总体结构由工业大学的简称 NJUT 中的"U"和"T"组成。校徽内部图案分别有龙、虎、青铜鼎、人形纹、1902 和书。龙和虎代表学校所在地南京(南京素有"龙盘虎踞"的美誉),同时表达了南京工业大学人才荟萃,藏龙卧虎之义。青铜鼎是江苏省政府 2002 年为祝贺学校办学百年所赠,象征着学校踏实严谨的学风与雄厚的科研实力,并传达了"一言九鼎,诚实守信,努力拼搏,问鼎科学巅峰"的治学精神。鼎内部的人形纹由"工"和"大"组合而成,又形似汉字"天",传达"教育以人为本"的办学思想,并蕴藏了中国传统文化中"天人合一"的内涵。1902 年传达我校具有悠久的办学历史。书象征着教育机构。中文字体采用"毛体",雄厚有力,符合我校的定位。英文字体采用"古罗马体",古朴大方。

图 5-2 网站 LOGO

色彩选用具有南京地方特色的蓝,色彩值取自中山陵的蓝色琉璃瓦,同时也勾勒出学校所在地终年青山环抱,碧水荡漾的自然环境与悠久历史,大气磅礴的人文环境,蓝色具有冷峻大方与科学严谨的气质,并且具有开明的精神,故选用蓝色作为学校的形象色。

3. 网站导航与布局设计

导航条是网页的重要组成元素。设计的目的是将站点内的信息分类处理,然后放在网页中以帮助浏览者快速查找站内信息。"浦江学院"网站栏目设计如图 5-3 所示。

学院首页	学院概况	浦江新闻	院系部门	教育教学	招生就业	校园生活
学校的"网上名片",展示校园文化、教师风采、学生风貌、教育理念等,体现办学实力	学院简介、大事记载、校园风貌、校园地图	学院新闻、浦江讲座、学院活动	院系设置、行政部门、研究生院	通知公告、教务教学、国际交流、精英导师	招生咨询、就业动态	图书馆、学工、班车、校园动态

图 5-3 "浦江学院"网站导航条设计

网站的层次结构如图 5-4 所示。

以上网站所涉及的内容用文件系统方式和数据库方式来保存,如图 5-5 所示。

网站选用经典的区域分布式结构,将网页分为浦江新闻、校园活动、公告、交流、讲座等几个版块。

4. 在 Dreamweaver CS6 中定义本地站点并创建站点结构

(1) 在"站点"选项卡中,单击"新建站点"命令,打开设置站点信息的对话框进行设置,设置站点名为"pujiang",如图 5-6 所示。

站点根文件夹	2级子文件夹	说明
pujiang	shouye	保存“学院首页”栏目的内容
	gaikuang	保存“学院概况”栏目的内容
	xinwen	保存“浦江新闻”栏目的内容
	bumen	保存“院系部门”栏目的内容
	jiaoxue	保存“教育教学”栏目的内容
	zhaojiu	保存“招生就业”栏目的内容
	shenghuo	保存“校园生活”栏目的内容
	images	保存网站用到的所有图像文件

图 5-4　浦江学院网站层次结构

网站主页文件	文件夹	各个文件夹下的文件
index.htm	shouye	content.asp append.asp editlist.asp modify.asp delete.asp
	gaikuang	jianjie.htm dashi.htm fengmao.htm ditu.htm
	xinwen	xinwen.htm jiangzuo.htm huodong.htm
	bumen	yuanxi.htm bumen.htm yanjiusheng.htm
	jiaoxue	tongzhi.htm jiaowu.htm jiaoliu.htm daoshi.htm
	zhaojiu	zixun.htm dongtai.htm
	shenghuo	tushuguan.htm banche.htm xuegong.htm dongtai.htm

图 5-5　“浦江学院”网站信息保存方式

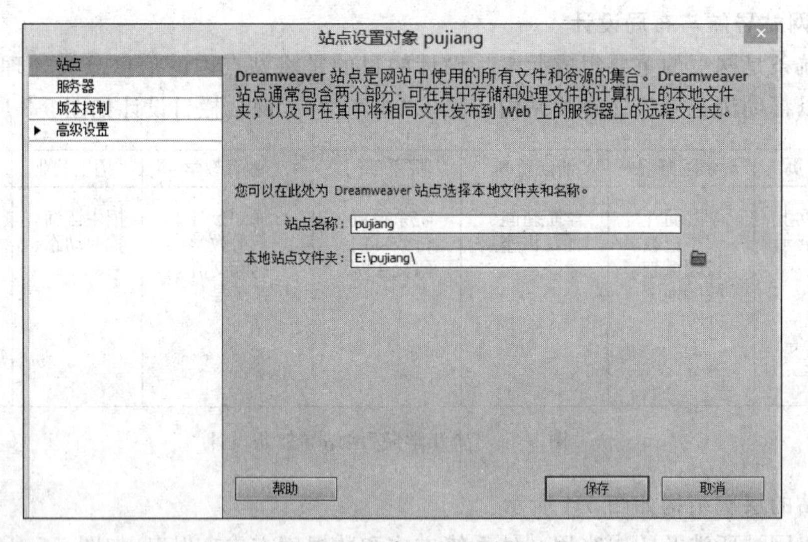

图 5-6　新建站点对话框

(2) 在站点面板中，选取站点“pujiang”，然后单击鼠标右键，在弹出的快捷菜单中选择“新建文件夹”项，如图 5-7 所示，在出现的文件夹的名称栏中输入“shouye”，“shouye”文件夹就创建完成了，如图 5-8 所示。

(3) 用同样的方法创建文件夹“gaikuang”、“xinwen”、“bumen”、“jiaoxue”、“zhaojiu”、“image”、“shenghuo”，得到如图 5-9 所示的一级栏目文件夹结构。

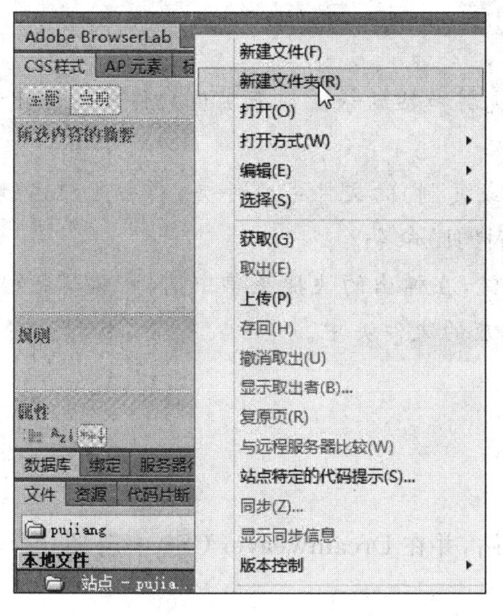

图 5-7　创建站点文件夹

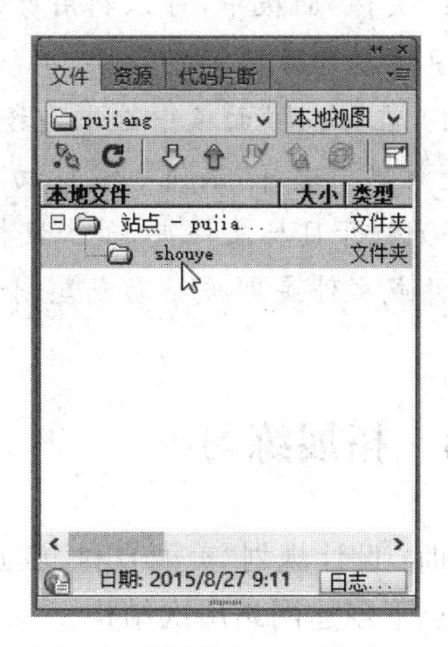

图 5-8　创建"shouye"文件夹

(4) 在站点面板中，选取站点"pujiang"，然后单击鼠标右键，在弹出的快捷菜单中选择"新建文件"项，在面板中出现的位置中输入"index. html"，按回车键，即创建了"index. html"主页文件，如图 5-10 所示。

(5) 按照步骤(4)的方法，在一级栏目文件夹下创建对应的二级文件目录结构，创建后的站点文件夹结构如图 5-11 所示。

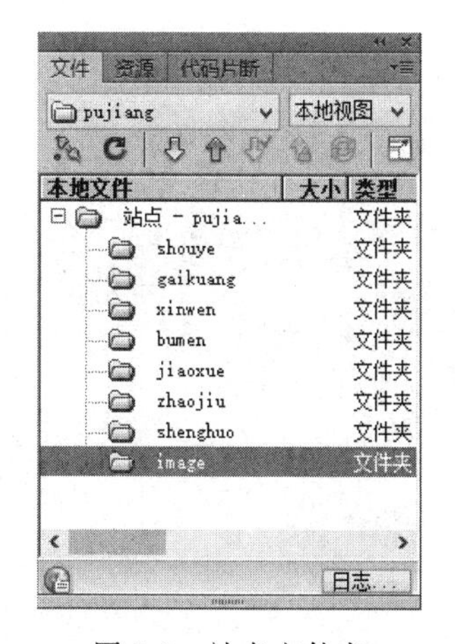

图 5-9　站点文件夹

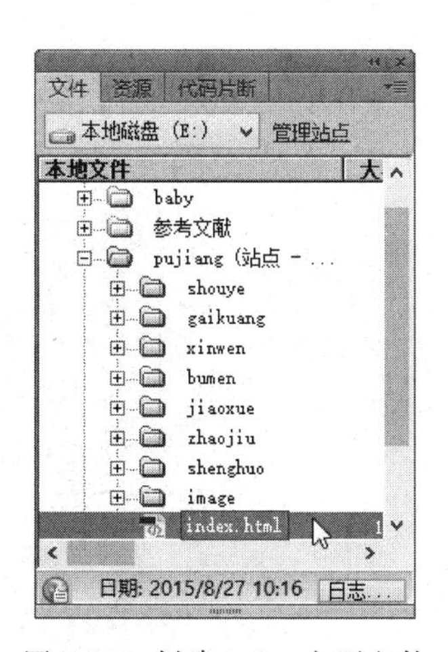

图 5-10　创建 index 主页文件

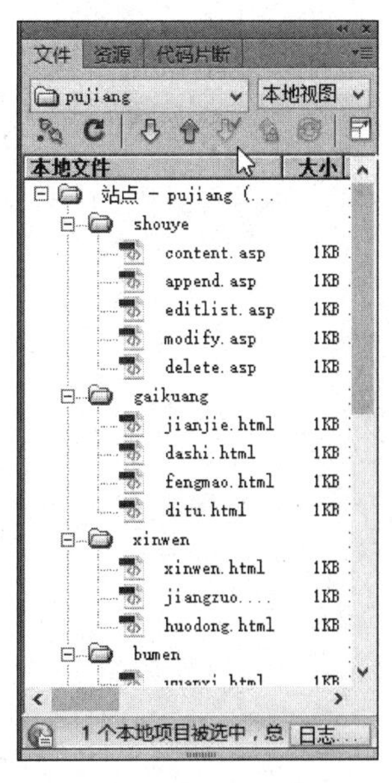

图 5-11　新建网站目录结构层次

小知识：

在“文件”面板中，可以利用剪切、复制和粘贴等操作来实现文件或文件夹的移动和复制，具体操作步骤如下：

(1) 在“文件”面板中选中要移动(或复制)的文件或文件夹，单击鼠标右键，在弹出的快捷菜单中选择“编辑”→“剪切”(或拷贝)命令。

(2) 打开目标文件夹，单击鼠标右键，在弹出的快捷菜单中选择“编辑”→“粘贴”命令，文件或文件夹即被移动或复制到相应的文件夹中。

5.1.4 拓展练习

实训：设计规划“美丽乡村”旅游网站，并在 Dreamweaver CS6 中定义一个本地站点，在该站点下创建网站层次结构。

第6章 基本网页的制作

第 5 章介绍了 Dreamweaver CS6 的基本使用方法，本章将通过三个案例介绍如何使用 Dreamweaver CS6 制作新闻网页、注册页面设计及网页布局的规划。读者可以通过本章案例学习网页的基本布局、＜title＞、＜meta＞、块级标签、范围标签、换行标签、超链接、特殊符号、表单元素及只读和禁用属性的使用方法。

6.1 新闻网页设计

6.1.1 案例描述

利用 Dreamweaver 设计制作新闻网页，如图 6-1 所示。

图 6-1 新闻网页

6.1.2 案例分析

新闻是指通过报纸、电台、电视台、互联网等媒体途径所传播的信息的一种称谓。新闻网页设计是一种建立在新型媒体之上的新型设计，它具有很强的视觉效果、互动性、互操作性、受众面广等其他媒体所不具有的特点，既拥有传统媒体的优点，同时又使传播变得更为直接、省力和有效。如何设计一个成功的网页？首先在观念上要确立动态的思维方式，其次，要有效地将图形引入网页设计之中，增加人们浏览网页的兴趣，在崇尚鲜明个性风格的今天，网页设计应增加个性化因素。

在新闻网页设计中，首先要了解新闻网页的设计需求并进行详细的规划，就像设计大楼一样，图纸设计好了，才能建成漂亮的房子。

参照案例样图，通过分析，要完成新闻网页的设计工作需要用到以下知识点：

(1) 网页摘要：<title>、<meta>；

(2) 块级标签：标题标签、段落标签、水平线标签、有序列表标签、无序列表标签、定义描述标签、分区标签；

(3) 图像标签、范围标签、换行标签。

参照案例样图，设计并制作该新闻网页需要进行以下工作：

(1) 制作新闻网页；

(2) 添加超链接；

(3) 保存预览。

6.1.3 案例实施

1. 制作新闻网页

打开 Dreamweaver 软件进入工作界面，完成如下工作：

(1) 新建文件；

(2) 网页布局；

(3) 添加文字图片；

(4) 预览检查。

1) 新建文件

(1) 单击“文件”菜单，在下拉菜单中选择“新建”或者按快捷键 Ctrl+N，打开“新建文档”对话框，新建空白页，参数如图 6-2 所示。

(2) 完成后单击代码部分，可观察到如图 6-3 所示的代码。

其中<head></head>标签用于定义网页文档的头文件，它是所有头部元素的容器；<meta>标签是用来在 HTML 文档中模拟 HTTP 协议的响应头报文，一般置于<head></head>标签中；<title></title>仅可在<head><head>中使用，用于定义网站的主要内容，如新闻网。更改完成后显示于图 6-4 左上角。

2) 网页布局

通过图 6-1 新闻网页可知，该网页分为顶部 LOGO 栏目、导航栏目、中间内容栏目及底部说明栏目呈四行一列布局。

(1) 单击“插入”菜单，在下拉菜单中选择“表格”或者按快捷键 Ctrl+Alt+T，参数设置如图 6-5 所示，单击“确定”按钮。

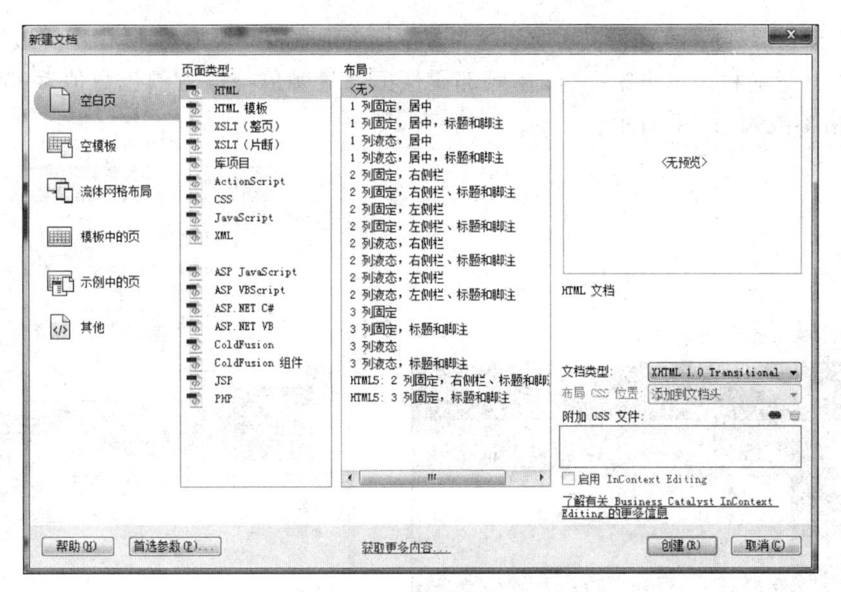

图 6-2　新建文档

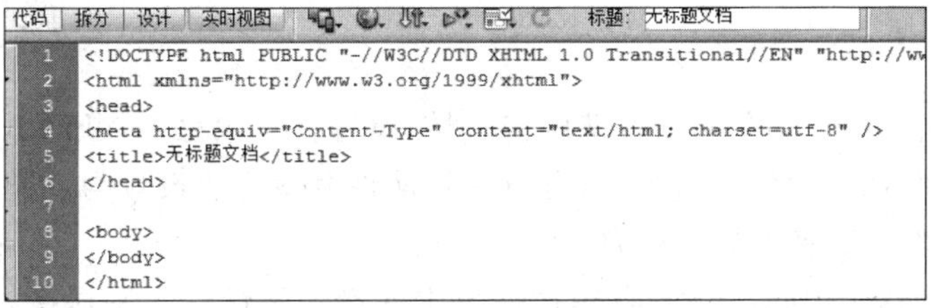

```
代码 | 拆分 | 设计 | 实时视图 | 标题: 无标题文档
1  <!DOCTYPE html PUBLIC "-//W3C//DTD XHTML 1.0 Transitional//EN" "http://ww
2  <html xmlns="http://www.w3.org/1999/xhtml">
3  <head>
4  <meta http-equiv="Content-Type" content="text/html; charset=utf-8" />
5  <title>无标题文档</title>
6  </head>
7
8  <body>
9  </body>
10 </html>
```

图 6-3　新建文档代码部分

图 6-4　显示效果

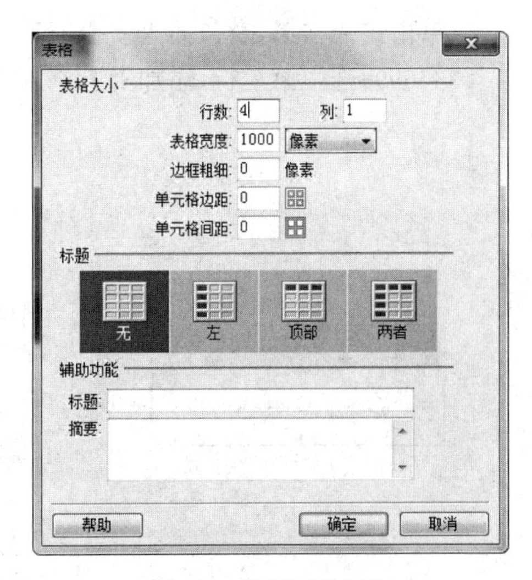

图 6-5　“表格”对话框

(2) 上述表格调整为图 6-6 所示布局，并将光标移至第三行单击，通过观察新闻网页可知，中间内容区域可分为左右两栏呈一行两列分布，重复第(1)步，创建两列一行表单，效果如图 6-6 橙色部分所示(注意：此处颜色为方便读者观察特此添加，实际为虚线边框)。

(3) 加导航栏。单击第二行，在底部属性框背景颜色处输入颜色数值＃336699。并新建表格参数如图 6-7 所示。

图 6-6　网页布局

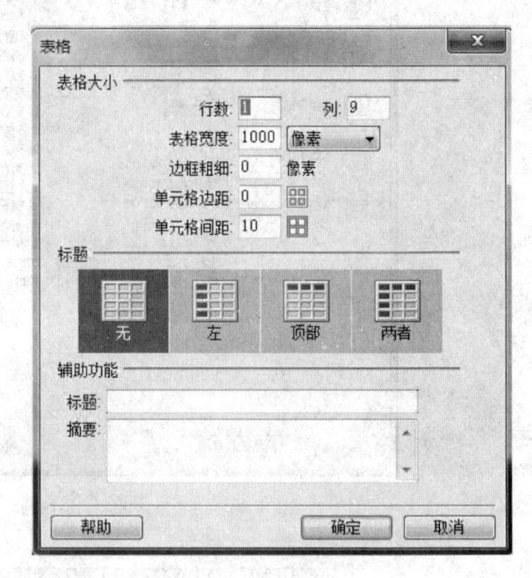

图 6-7　表格参数设置

(4) 在中间内容区域左侧选框选中该区域，设置背景颜色为＃F9F9F9，属性为水平居中、垂直居中。并插入三行一列表格，且第一行属性背景颜色设置为＃336699，如图 6-8 所示(注意：单元格间距默认设置为 0)。

(5) 将光标移至中间内容区右侧选框单击并设置属性框水平居中，并添加三行一列表格，调整至所需大小；单击该表格第一行，属性设置为水平居左对齐，垂直方式选择顶端；单击该表格第二行，插入一行三列表格，调整至合适的大小，且将第一列背景色设置为＃336699；选中第三行，添加七行三列表格，并调整至合适大小，如图 6-9 所示。

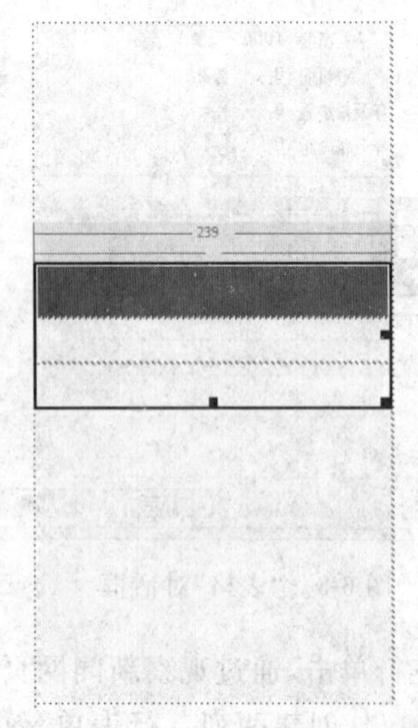

图 6-8　左侧选框

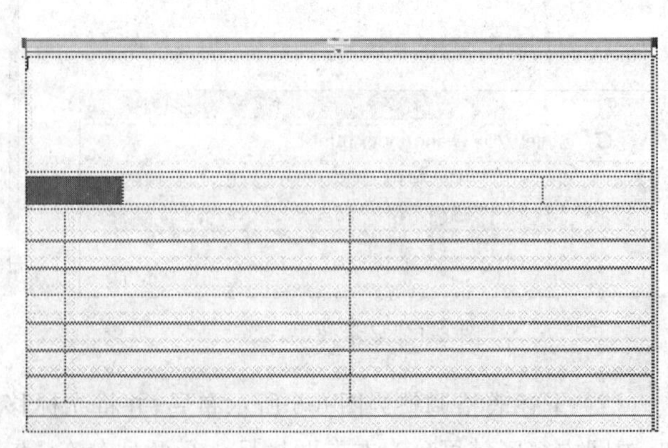

图 6-9　右侧选框

(6) 将光标移至底部说明栏目,属性设置为水平居中,垂直居中,背景色设置为♯3336699,至此,该新闻网页布局已完成,最终的效果图如图 6-10 所示。

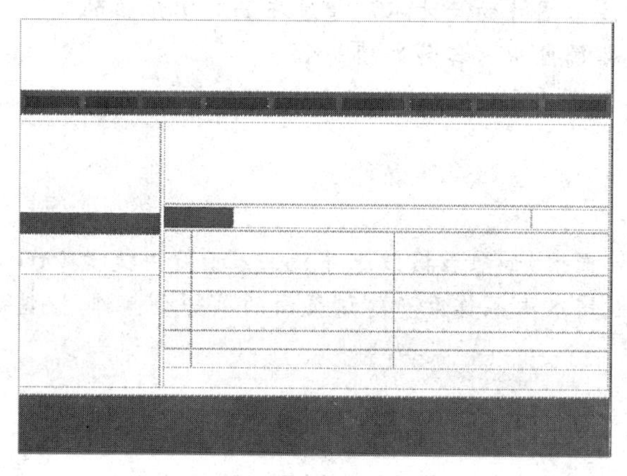

图 6-10　最终布局

3) 添加文字图片

(1) 添加图 6-1 中所示的文字即可。

(2) 加图片。单击“插入”菜单,在下拉菜单中选择“图像”或者按快捷键 Ctrl+Alt+I,选中所需图片的路径单击“确定”按钮,如图 6-11 所示(注意:图片大小可通过单击图片,光标移至边缘处拖动即可)。

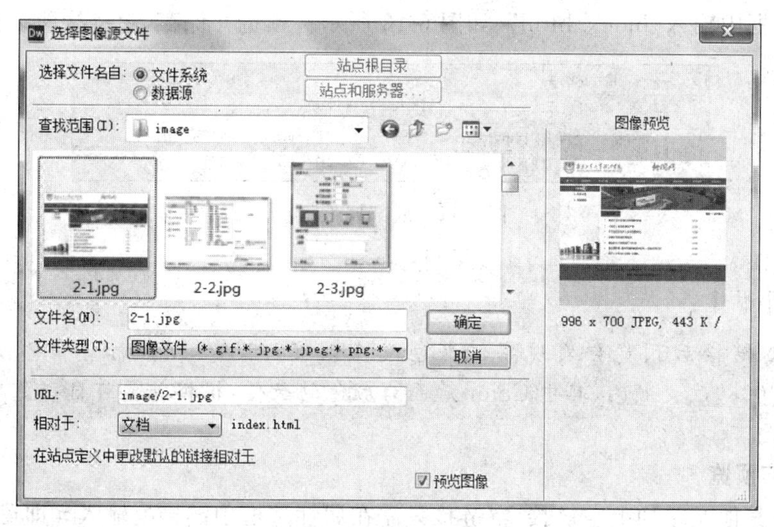

图 6-11　插入图像

4) 预览

单击“文件”菜单,在下拉菜单中选择“保存”或使用快捷键 Ctrl+S 保存,命名为 index.html。再按快捷键 F12 进行预览。

小贴士：

- 置入图片时注意图片的尺寸不能超过布局时单元格的尺寸。
- 合理利用底部属性中的各种选项。
- 需要查看单元格尺寸，可单击单元格上边框即可显示。

小知识：

在制作表格的过程中，如果表格效果不满意，可用快捷键 Ctrl＋Z 撤销本次操作，该快捷键可以顺序撤销本次操作至新建该页面的第一个操作，撤销后不可还原，使用时需谨慎。

2. 添加超链接

超链接又称超级链接，其本质属于一个网页的一部分，它是一种允许我们同其他网页或站点之间进行连接的元素。各个网页链接在一起后，才能真正构成一个网站。所谓的超链接是指从一个网页指向一个目标的连接关系，这个目标可以是另一个网页，也可以是相同网页上的不同位置，还可以是一个图片，一个电子邮件地址，一个文件，甚至是一个应用程序。而在一个网页中用来超链接的对象，可以是一段文本或者是一个图片。当浏览者单击已经链接的文字或图片后，链接目标将显示在浏览器上，并且根据目标的类型来打开或运行。制作过程如下：打开 index. html 文件，选中导航栏“首页”二字，在底部属性的链接文本框内输入“index. html”，如图 6-12 所示。预览并保存，超链接即制作完成。

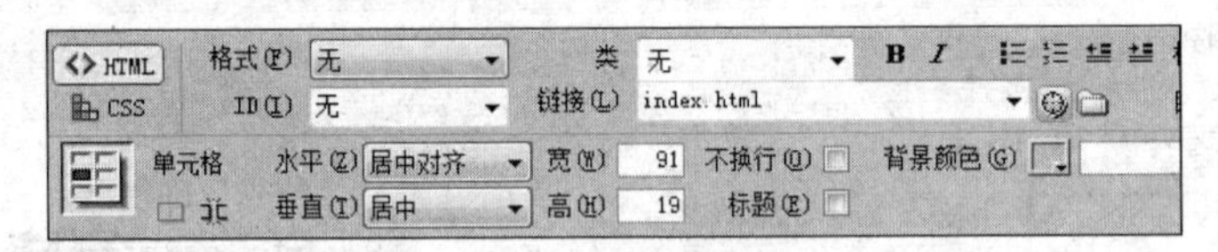

图 6-12　底部属性面板

小贴士：

添加超链接后预览会发现字体颜色发生改变，可在＜a＞标签中添加 style＝"color：＃000；"改变颜色，其中 Color 后面为颜色的数值，根据需要可自行更改。

3. 保存预览

将页面其他文字加上空链接，空链接只需在属性选框中链接处输入＃即可。

预览并检查网页的布局，及链接是否设置正确。

6.1.4　案例描述

实训 1：制作新闻网页子页面

模仿新闻网页的制作过程，制作如图 6-13 所示的新闻子页面保存为 news. html。中间新闻部分可模仿各大新闻网自行创意设计。

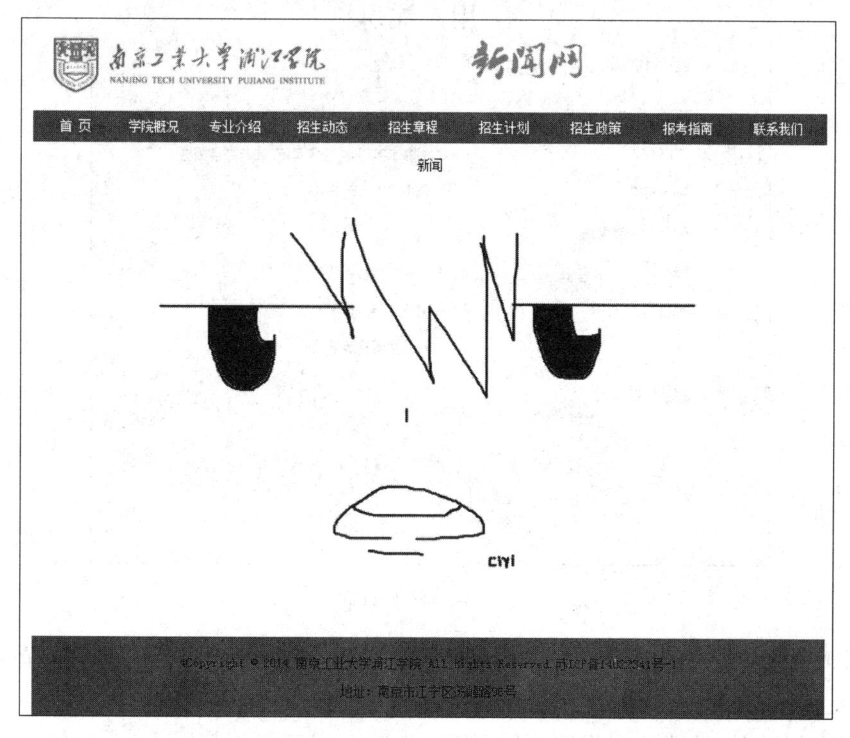

图 6-13　新闻网子页面

6.2　注册页面设计

6.2.1　案例描述

利用 Dreamweaver CS6 设计简单的注册页面，读者可根据图 6-14 所示的页面，先进行表格布局，利用表单工具插入各种表单元素，用简单的 CSS 样式的使用方法进行该页面的制作。

6.2.2　案例分析

用户注册是指将用户相关信息通过网页方式提交给客户端的过程，是用户使用网站功能的前提条件，没有注册的用户将无权使用该网站的全部功能。

在设计注册页面的过程中，首先根据需要获取用户信息，进行分析并将用到控件，从而有目的性地进行布局。

参照案例样图，通过分析，要完成注册页面设计工作需要用到以下知识点：

(1) 特殊符号；

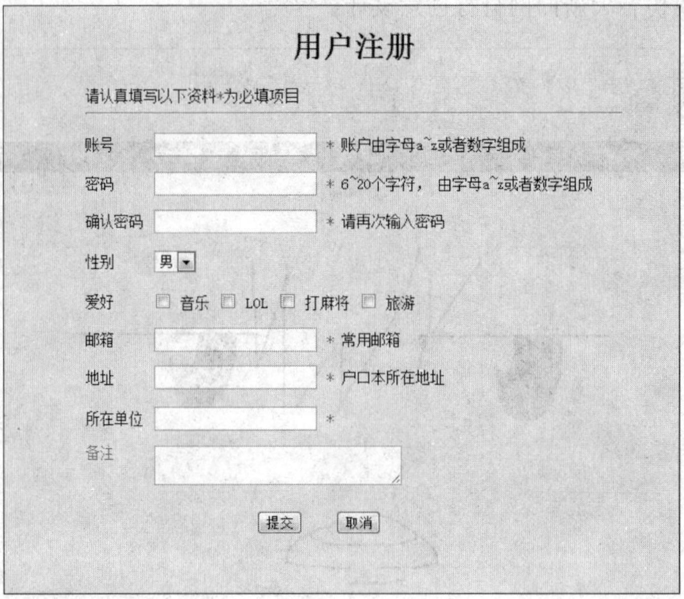

图 6-14 注册页面

(2) 表单元素(文本框、密码框、普通按钮、提交按钮、取消按钮、图片按钮、单选按钮、复选框、文件域、列表框、多行文本框)、只读和禁用属性。

参照案例样图,设计并制作该注册页面需要进行以下工作:

(1) 表格布局;

(2) 添加文字;

(3) 加入表单元素;

(4) 预览。

6.2.3 案例实施

1. 表格布局

打开 Dreamweaver 软件进入工作界面,完成如下工作:

(1) 表格布局;

(2) 添加文字;

(3) 加入表单元素;

(4) 预览。

1) 表格布局

(1) 单击“文件”菜单,在下拉菜单中选择“新建”或者按快捷键 Ctrl+N,打开“新建文档”对话框,新建空白页,参数如图 6-15 所示。

(2) 单击“插入”菜单,在下拉菜单中选择“表格”或者按快捷键 Ctrl+Alt+T,参数设置如图 6-16 所示,单击“确定”按钮。

单击该表格,在底部属性面板将宽度设置为 1000px,高度设置为 500px,背景颜色设

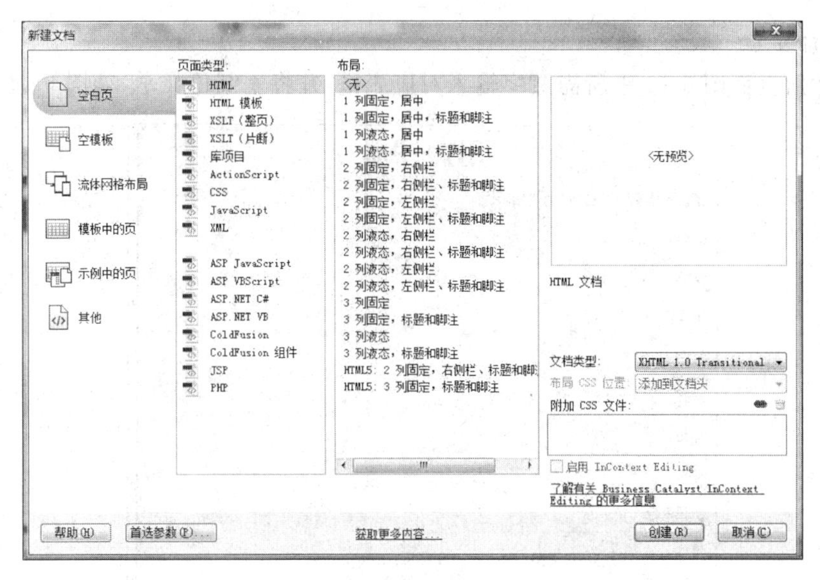

图 6-15　新建文件

置为＃E6E6E6。

(3) 通过观察注册页面图 6-14 可得，该页面是由十二行两列组成。同步骤(2)创建十二行两列表格，并将第一、二、十二行合并单元格，第十二行插入一行三列表格并调整成如图 6-17 所示的表格布局。

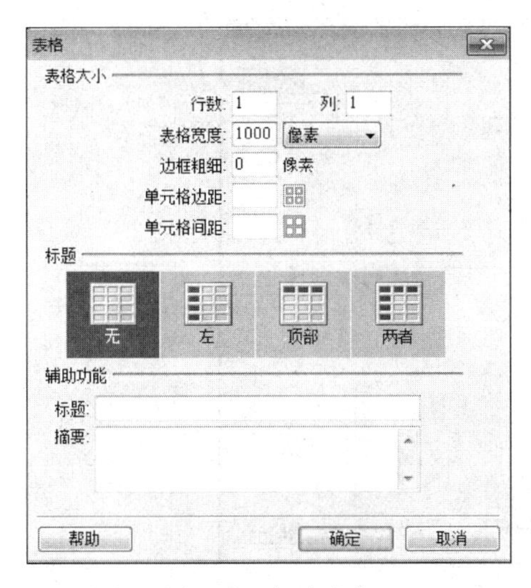

图 6-16　新建表格

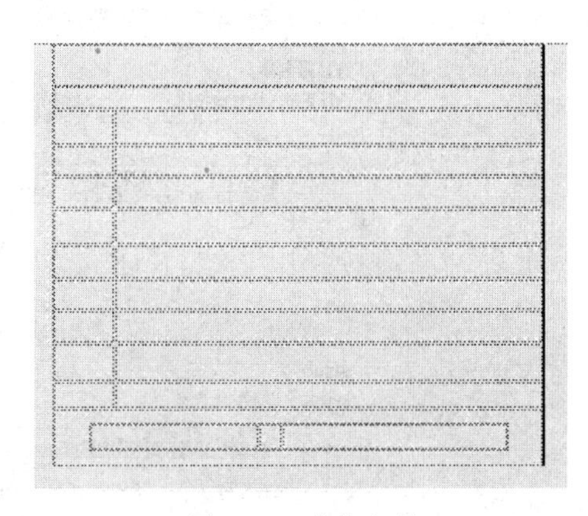

图 6-17　表格布局

小贴士:

- 合并单元格：选中要合并的单元格，单击右键并在弹出的菜单中选择“表格”，选择“合并单元格”或者按快捷键 Ctrl+Alt+M 即可。
- 若出现表格排版比较乱，预览页面却显示整齐，应以预览页面效果为准。

2. 添加文字

（1）注册页面图 6-14 中所需文字输入对应表格，并将＊红色显示，如图 6-18 所示。

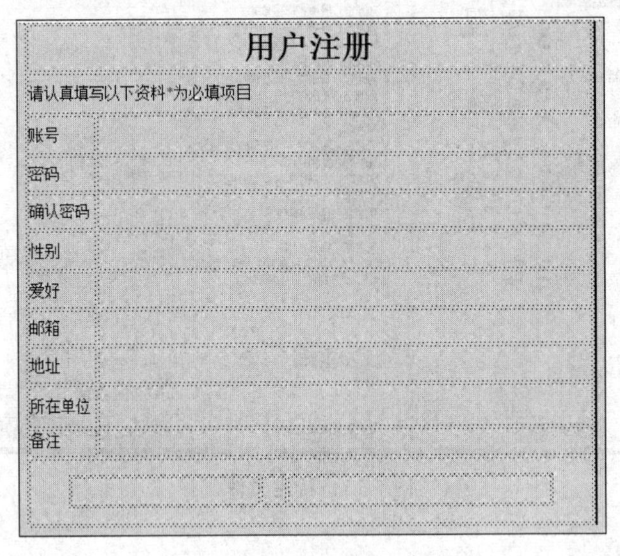

图 6-18　文字添加

（2）选中"＊"号，在属性面板中选择 CSS，单击"编辑规则"，参数设置如图 6-19 所示，单击"确定"按钮。

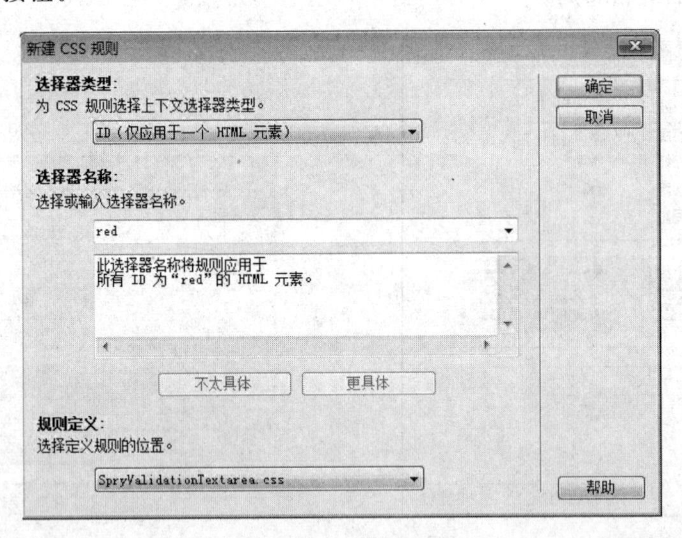

图 6-19　编辑规则

3. 加入表单元素

（1）选中第三行第二列，单击"插入"菜单，在下拉菜单中选择"表单"，单击选择"文本域"，参数设置如图 6-20 所示，单击"确定"按钮。同理添加邮箱、地址、所在单位文本域。

（2）选中第四行第二列，单击"插入"菜单，在下拉菜单中选择"表单"，单击选择"Spry

验证密码”，命名ID即可，单击“确定”按钮。选中第五行第二列单击“插入”菜单，在下拉菜单中选择“表单”，单击选择“Spry 验证确认”，单击“确定”按钮。

(3) 选中第六行第二列，单击“插入”菜单，在下拉菜单中选择“表单”，单击选择“选择(列表/菜单)”，命名ID，单击“确定”按钮。单击该选择工具，在属性面板中单击“列表值”，多项选择可单击“+”，如图6-21所示，单击“确定”按钮。

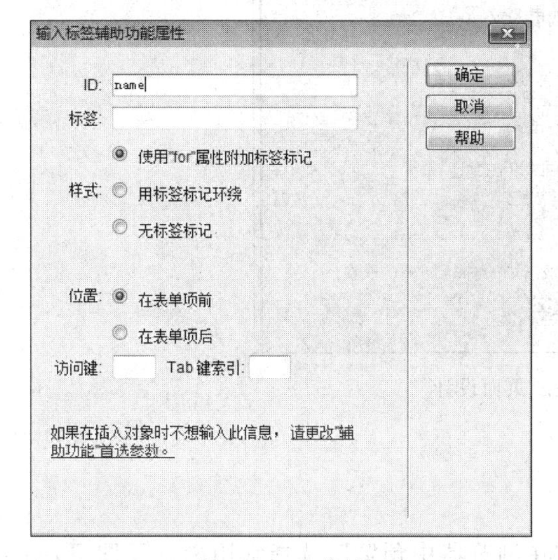

图6-20 文本域

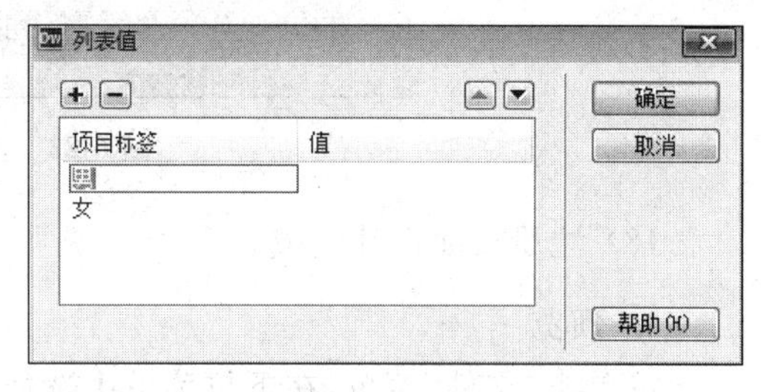

图6-21 列表值

(4) 选中第七行第二列，单击“插入”菜单，在下拉菜单中选择“表单”，单击选择“复选框”，命名ID，单击“确定”按钮，并在□后加上相对应的文字，同理完成剩余选项。

(5) 选中第十一行第二列，单击“插入”菜单，在下拉菜单中选择“表单”，单击选择“文本区域”，命名ID，单击“确定”按钮。单击产生的文本区域，将字符宽度设置为“30”，行数设置为“2”，如图6-22所示。

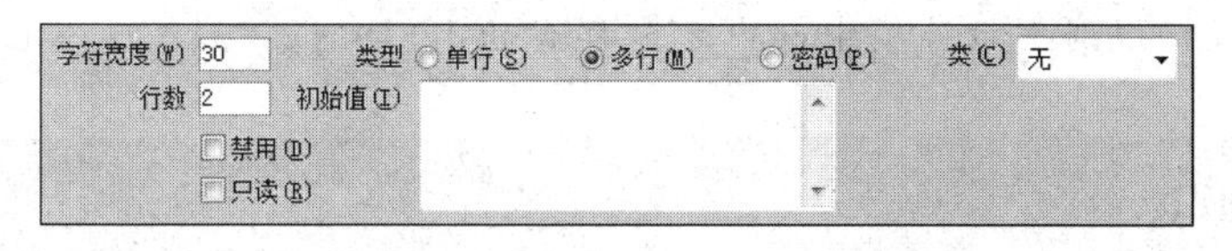

图6-22 文本区域

(6) 选中最后一行第一列，单击“插入”菜单，在下拉菜单中选择“表单”，单击选择“按钮”，命名ID，单击“确定”按钮，并将该单元格水平方向设置为“右对齐”。选中最后一行第三列，单击“插入”菜单，在下拉菜单中选择“表单”，单击选择“按钮”，命名ID，单击“确定”按钮，单击所产生的按钮，属性面板将值设置为“取消”，并将该单元格水平方向设置为“右对齐”即可。

(7) 据图6-14注册页面，给文本域添加对应的文字，需描红可根据2.添加文字步骤(2)进行处理。选中第二行，单击“插入”菜单，在下拉菜单中选择HTML，单击选择“水平线”，最终效果如图6-23所示。

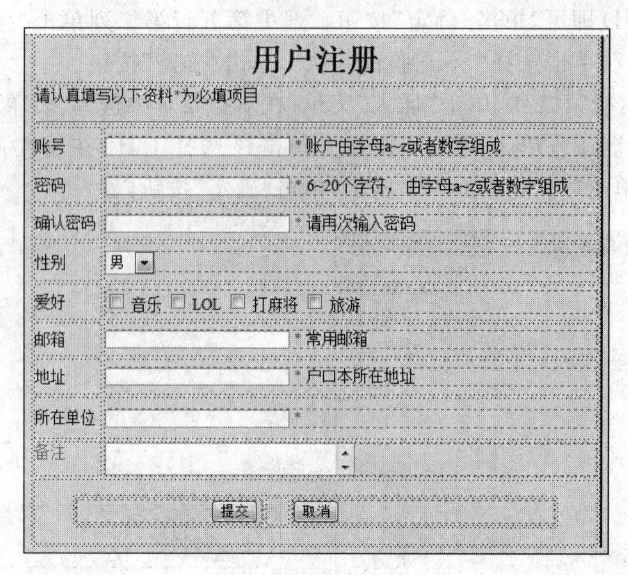

图 6-23　注册页面设计

(8) 注册页面设计完成。

4. 预览

可单击“文件”菜单，在下拉菜单中选择“在浏览器中预览”，选择常用浏览器即可，一般使用 IExplore，根据预览效果，进行适当的调整即可，建议做一步预览一次。

小贴士：

- 水平线占用一定的高度，预览后观察效果。
- ID 命名时与之相关联，以方便后续使用。
- 字体或特殊符号添加 CSS 样式，相同的 CSS 样式，可选中设置的字符，属性面板中目标规则下拉选项中选中之前样式的 ID 即可。

小知识：

设计过程中，为保证注册页面设计出的界面整齐，单元水平方向设置为左对齐，垂直方向默认。

6.2.4　扩展练习

根据图 6-24 制作注册页面，要求：包含本节课所使用的表单元素进行创意设计，自行规划“提交”、“取消”按钮的添加。

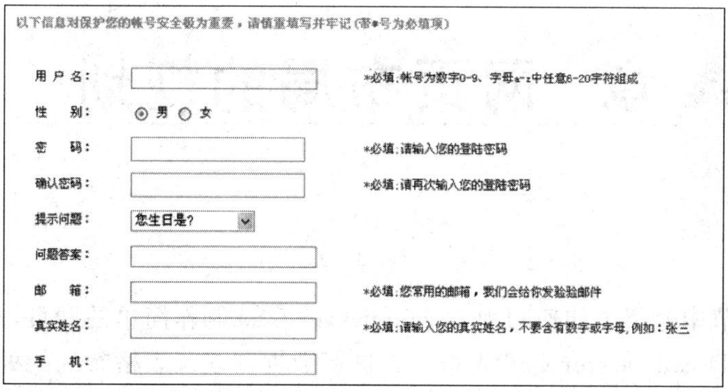

以下信息对保护您的帐号安全极为重要，请慎重填写并牢记(带*号为必填项)

用 户 名： *必填:帐号为数字0-9、字母a-z中任意6-20字符组成

性　 别： ⊙男 ○女

密　 码： *必填:请输入您的登陆密码

确认密码： *必填:请再次输入您的登陆密码

提示问题： 您生日是?

问题答案：

邮　 箱： *必填:您常用的邮箱，我们会给你发验验邮件

真实姓名： *必填:请输入您的真实姓名，不要含有数字或字母,例如：张三

手　 机：

图 6-24　练习注册页面

第7章 网页布局的规划

前面的章节中介绍了如何利用 Dreamweaver CS6 制作简单的网页，本章将通过案例介绍如何使用 Dreamweaver CS6 表格工具进行数据列表及表格布局的处理，读者可以在本案例中学会根据设计处理需求熟练运用嵌套式表格进行布局，并掌握数据列表制作时相关的设计技巧及嵌套方法。

7.1 数据列表页面设计

7.1.1 案例描述

利用 Dreamweaver CS6 相关设计工具制作完成数据列表页面，本案例通过浦江学院图书馆新书表的书目类别向读者详细展示该页面的制作过程，如图 7-1 所示。

浦江学院图书馆新书表

书名	作者	出版社	ISBN	价格
西方经济学	高鸿业	中国人民大学出版社	9787300194363	30.7元
高等数学	同济大学数学系 编	高等教育出版社	9787040396621	25元
数据结构	严蔚敏，吴伟民	清华大学出版社	9787302147510	27元
经济学管理	彼得森，刘易斯	中国人民大学出版社	9787300113678	49.7元
政治经济学	罗清和，鲁志国	清华大学出版社	9787302316343	23.3元
营销管理	科特勒（美）	格致出版社	9787543221017	56.7元
金融专业英语	张成思，张步昙	中国人民出版社	9787300194998	25.2元

图 7-1 数据列表页面

7.1.2 案例分析

数据列表是通过列表布局规划使得数据清晰明了地呈现在用户面前的一种方式，数据列表中的一行数据叫做一个记录，数据列表中的一列数据叫做一个字段，数据列表的每一列有一个名字叫做字段名，字段名始终出现在数据列表的第一行，数据列表是一个矩形表格，表中单元格没有进行合并过才可称之为数据列表。

在设计数据列表的过程中，首先要根据数据的特点，确定数据列表的行列数，进行规划布局。

参照案例样图，通过分析，要完成数据列表页面的设计需要用到表格布局的知识点：

参照案例样图，设计并制作该数据列表页面需要准备以下工作：

(1) 表格布局；

(2) 添加文字；

(3) 预览。

7.1.3 案例实施

打开 Dreamweaver 软件进入工作界面，完成如下工作：

(1) 表格布局；

(2) 添加文字；

(3) 预览。

1. 表格布局

(1) 单击“文件”菜单，在下拉菜单中选择“新建”或者按快捷键 Ctrl+N，打开“新建文档”对话框，新建空白页，参数如图 7-2 所示。

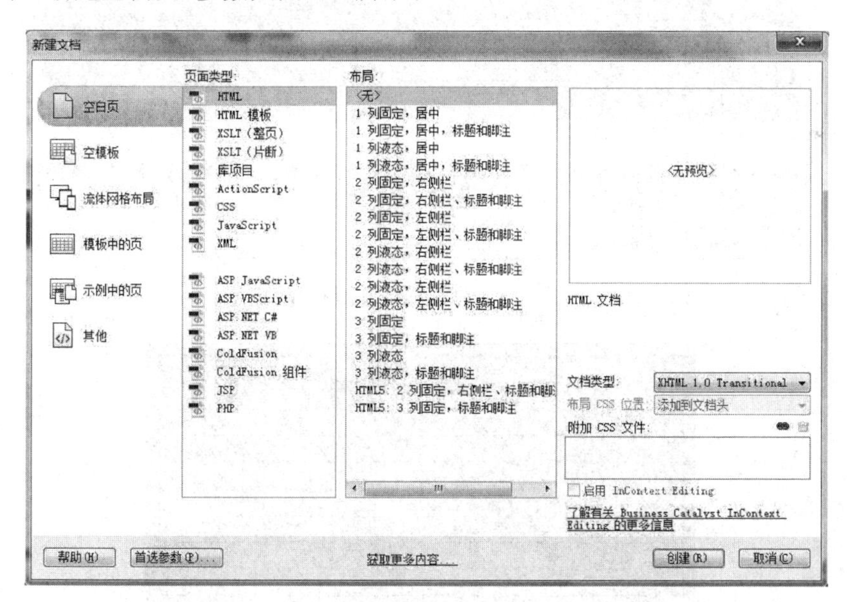

图 7-2 新建空白页

(2) 单击“插入”菜单，在下拉菜单中选择“表格”或者按快捷键 Ctrl+Alt+T，参数设置如图 7-3 所示，单击“确定”按钮。

(3) 将光标停靠在右侧边框线或底部边框线，待光标变成黑色双杠线时单击边框线，在底部属性框中对齐方式设置为居中对齐。单击表格内部，在底部属性框中水平设置为居中对齐、垂直设置为顶端对齐方式，并将高度设置为 450，背景颜色设置为＃9AAF8D，最终效果如图 7-4 所示。

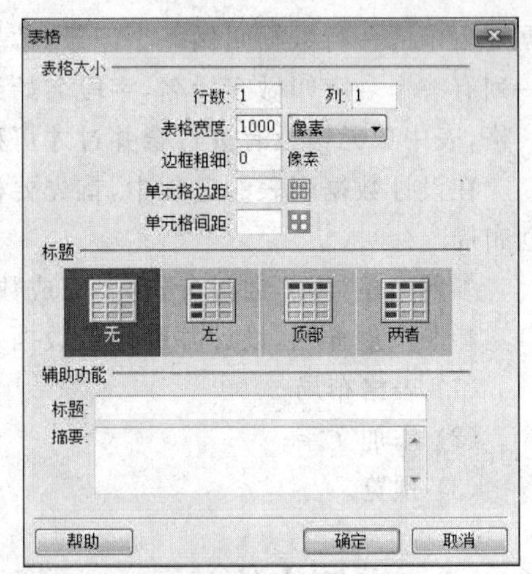

图 7-3　新建表格

(4) 观察数据列表页面可知该页面是由首行文字及数据列表组成的。单击表格内部，插入一行一列表格，宽度设置为 1000，单击“确定”按钮。新建完成后再次单击第一个表格的空白处，按回车键，通过观察可知，该数据列表由八行五列组成，新建八行五列表格，并调整至如图 7-5 所示布局。

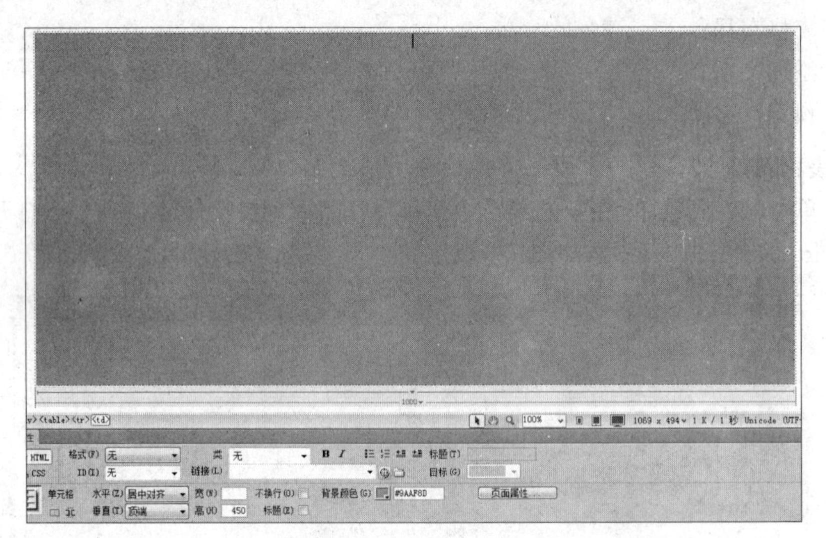

图 7-4　新建八行五列表格

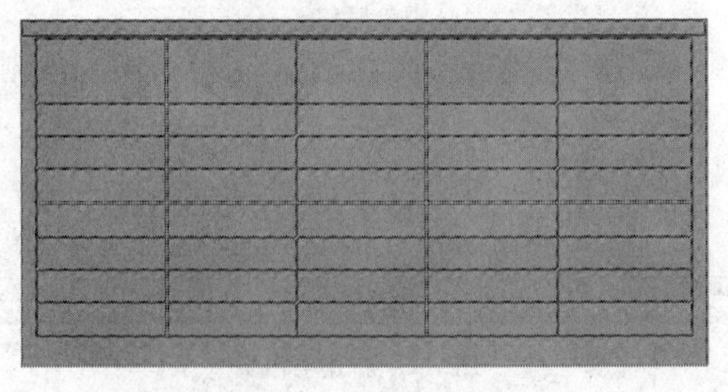

图 7-5　表格样版

(5) 选中列表第一行，将背景颜色设置为＃508376，选中列表剩余单元格，将背景颜色设置为＃A9C2A5，如图 7-6 所示。

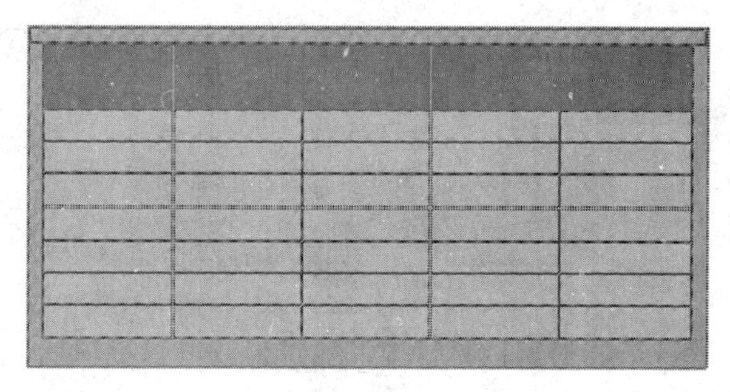

图 7-6　添加背景色

（6）布局完成。

2. 添加文字

（1）将图 7-1 所示文字输入对应单元格中，如图 7-7 所示。

浦江学院图书馆新书表

书名	作者	出版社	ISBN	价格
西方经济学	高鸿业	中国人民大学出版社	9787300194363	30.7元
高等数学	同济大学数学系 编	高等教育出版社	9787040396521	25元
数据结构	严蔚敏，吴伟民	清华大学出版社	9787302147510	27元
经济学管理	彼得森，刘易斯	中国人民大学出版社	9787300113678	49.7元
政治经济学	罗清和，鲁志国	清华大学出版社	9787302316343	23.3元
营销管理	科特勒（美）	格致出版社	9787543221017	56.7元
金融专业英语	张成思，张步昙	中国人民出版社	9787300194998	25.2元

图 7-7　添加文字

（2）选中“浦江学院图书馆新书表”，在底部属性面板单击 CSS，单击编辑规则，选择器类型为 ID，命名选择器名称，单击“确定”按钮，如图 7-8 所示。参数设置如图 7-9 所示，

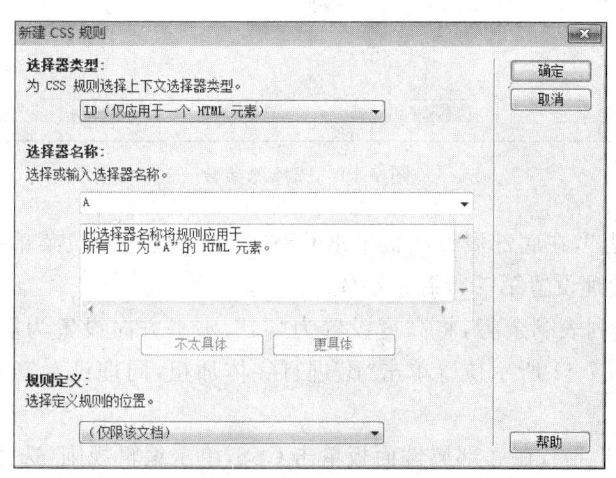

图 7-8　新建 CSS 规则

单击“确定”按钮。

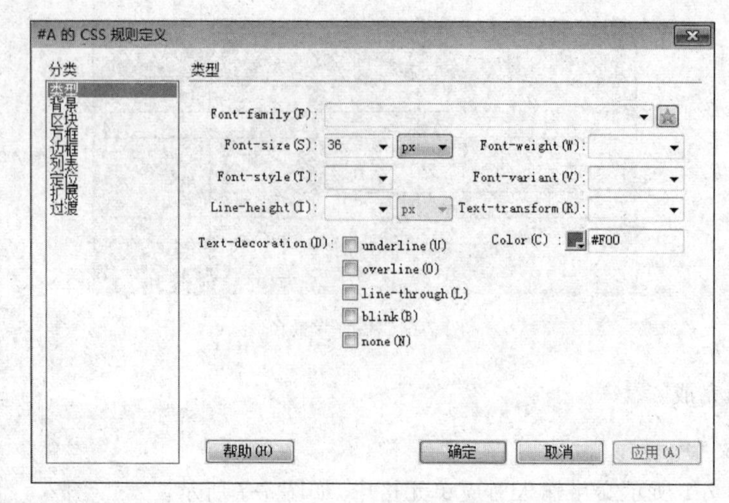

图 7-9　规则参数

(3) 选中数据列表第一行,属性面板中将宽度设置为 200,高度设置为 100,水平方向设置为居中对齐。选中“书名”,在底部属性面板中单击 CSS,单击编辑规则,选择器类型为“类”,命名选择器名称,参数设置如图 7-10 所示,单击“确定”按钮。

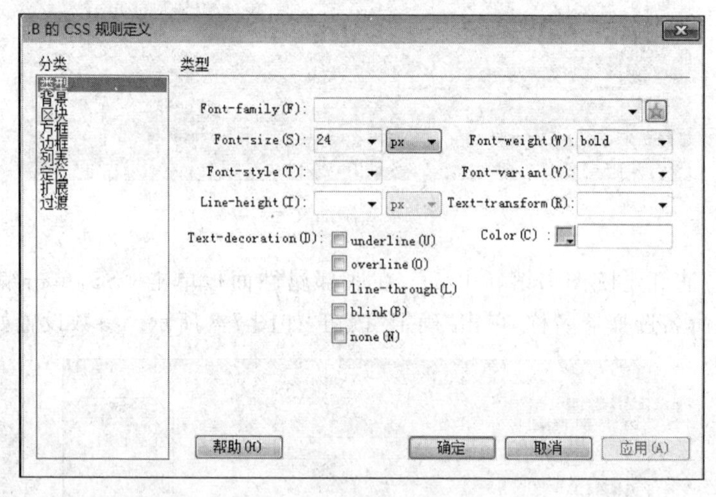

图 7-10　选择器参数

(4) 选中“作者”,在底部属性面板单击 CSS,在目标规则下拉菜单中选择书名所命名的选择器名称。同理设置第一行剩余字体。

(5) 选中数据列表剩余行,将高度设置为“50”,水平方向设置为居中对齐。选中“西方经济学”,在如图 7-11 所示位置单击“B”进行字体加粗,同理设置第一列除“书名”外剩余文字。

(6) 选中“30.7 元”,在底部属性面板单击 CSS,单击编辑规则,选择器类型为“类”,命名选择器名称,单击“确定”按钮,参数设置如图 7-12 所示,单击“确定”按钮。

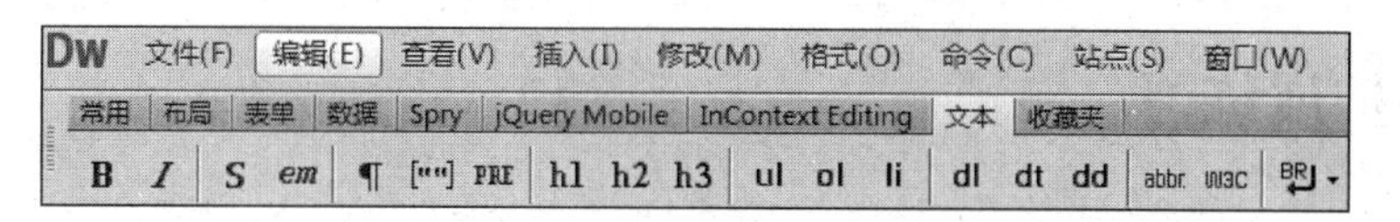

图 7-11　字体加粗

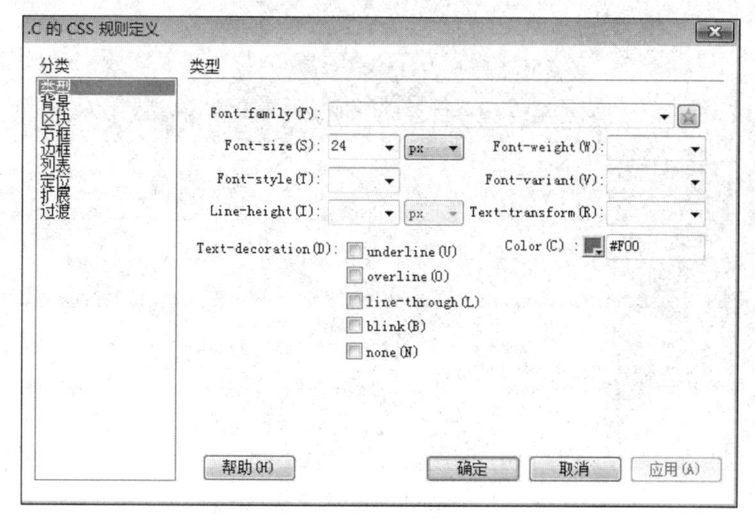

图 7-12　规则参数

(7) 同步骤(4)目标规则选择“30.7 元”所命名的规则,同理设置第五列除“价格”外剩余文字。

(8) 加文字完成。

3. 预览

可单击“文件”菜单,在下拉菜单中选择“在浏览器中预览”,选择常用浏览器即可,一般使用 IExplore 或按 F12 快捷键进行快速预览,根据预览效果,进行适当的调整即可,建议做一步预览一次。

小贴士:

- 新建表格边框粗细为 0 像素,但虚线占有一定的宽度。
- 选择器四种类型需区分使用。
- 目标规则类的改变会导致使用该类的所有文字改变。

小知识:

在设计过程中,新建一个表格,单击单元格的左边框、上边框和下边框,右边框底部属性面板显示的内容是不同的。

7.1.4 扩展练习

根据浦江学院图书馆新书表制作 Apple 笔记本价格对比表，如图 7-13 所示。

Apple笔记本价格对比

	Apple MacBook AirMJVE2CH/A	Apple MacBook AirMJVM2CH/A	MacBook Pro MF840CH/A	Apple MacBook AirMJVG2CH/A
操作系统	OS X Yosemite	OS X Yosemite	OS X Yosemite	OS X Yosemite
CPU类型	Intel Core i5	酷睿双核i5处理器	Intel Core i5	Intel Core i5
内存容量	4GB	8GB	4GB	4GB
显卡	Intel HD Graphics 6000	Intel Iris Graphics 6100	IIntel HD Graphics 6000	Intel HD Graphics 6000
CPU速度	1.6GHz	2.7GHz	1.6GHz	1.6GHz
屏幕尺寸	13英寸	13.3英寸	11.6英寸	13.3英寸
价格	7988.00	9988.00	5888.00	6538.00

图 7-13 Apple 笔记本价格对比表

7.2 网站后台页面设计

7.2.1 案例描述

本案例以利用框架工具来设置浦江学院风情网页布局，效果如图 7-14 所示。

图 7-14 浦江学院风情网页

7.2.2 案例分析

网站后台页面设计即框架布局，是网页布局的工具之一，它能够将网页分隔成几个独立的区域，每个区域显示独立的内容。框架的边框还可以隐藏，从而使其看起来与普通网页没有任何不同。本案例将以学院风情网页为例，介绍创建、编辑和保存框架以及设置框架属性的基本方法。

根据以上分析，框架布局设计主要包括以下知识点：

(1) 创建框架集；

(2) 设置框架；

(3) 保存框架。

设计框架布局需要进行以下工作：

(1) 将素材复制到站点下，然后创建一个“左侧固定”的框架网页；

(2) 对框架进行相关属性设置；

(3) 保存框架。

7.2.3 案例实施

1. 创建框架集

(1) 在“文件”选项卡中，单击“新建”命令，弹出“新建文档”对话框，如图 7-15 所示。

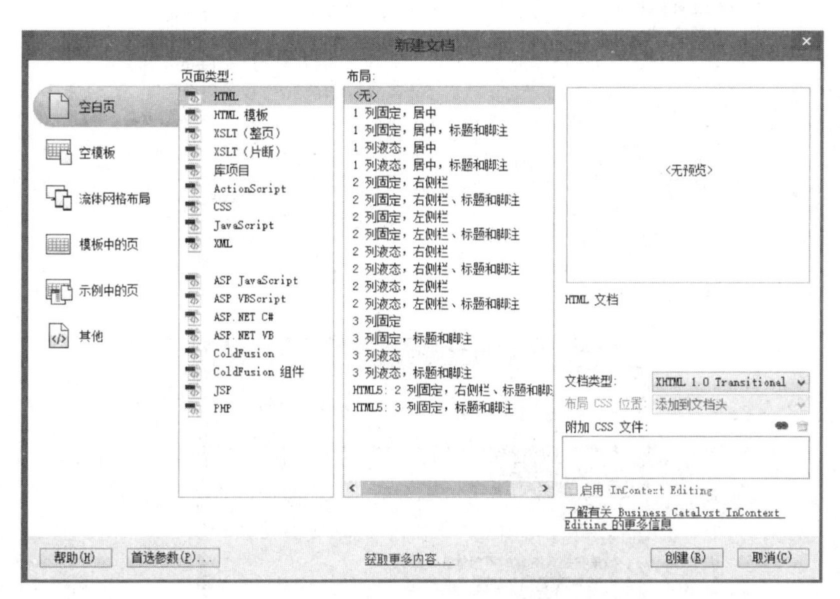

图 7-15 新建文档对话框

(2) 新建一个空白的 HMTL 文档，将光标定位在文档中。在“插入”选项卡中，选择 HTML 命令，在下拉菜单中选择“框架”→“左对齐”命令，如图 7-16 所示，在弹出的“框架标签辅助功能属性”对话框中，将每个框架重新指定“标题”，单击“确定”按钮，如图 7-17 所示，得到如图 7-18 所示的框架集。

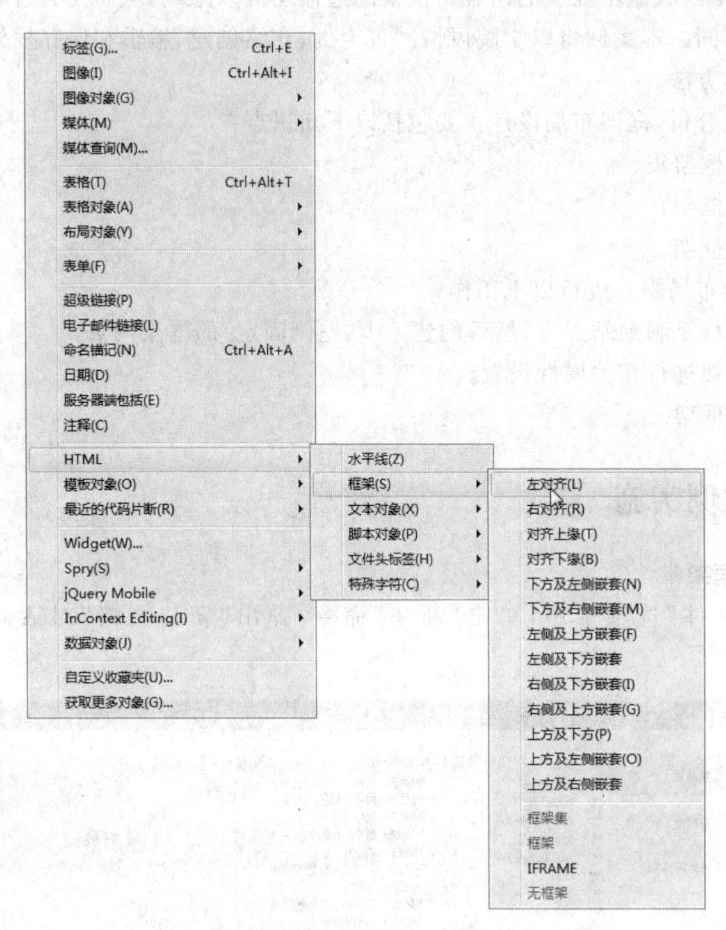

图 7-16　新建框架集下拉菜单

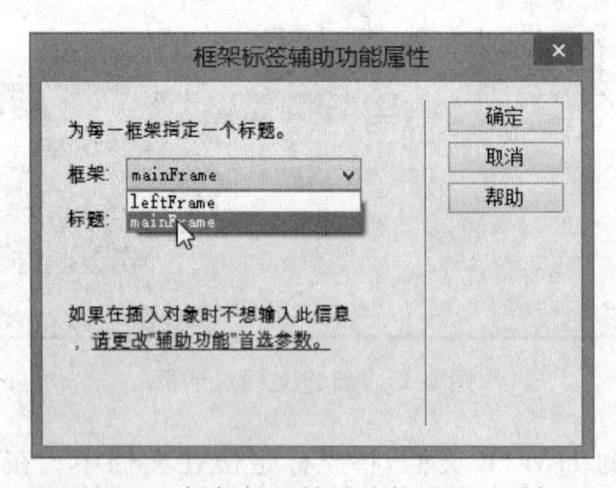

图 7-17　框架标签辅助功能属性对话框

图 7-18　左侧对齐的框架集

2. 保存框架集

在"文件"选项卡中单击"保存全部"命令，如图 7-19 所示，整个框架集内侧出现虚线，将其保存为 fengmao. html，如图 7-20 所示。依次弹出其他框架对话框，并依次命名为 fengmao-body. html、fengmao-left. html，注意所命名字与框架相对应，单击"保存"按钮，如图 7-21 与图 7-22 所示。

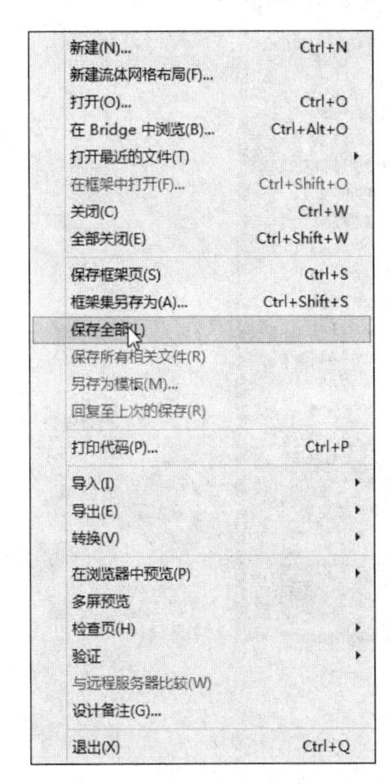

图 7-19　保存下拉菜单

图 7-20　保存框架集

图 7-21　保存框架集中的框架(fengmao-body. html)

图 7-22　保存框架集中的框架(fengmao-left. html)

3. 设置框架集

(1) 将光标移至框架边框上，产生双箭头，按住鼠标左键拖曳，以改变框架的大小，如图 7-23 所示。选中整个框架集，设置框架集的属性，在“边框”下拉菜单中选择“否”，在“边框宽度”文本框中输入“0”，如图 7-24 所示。

图 7-23 改变框架大小

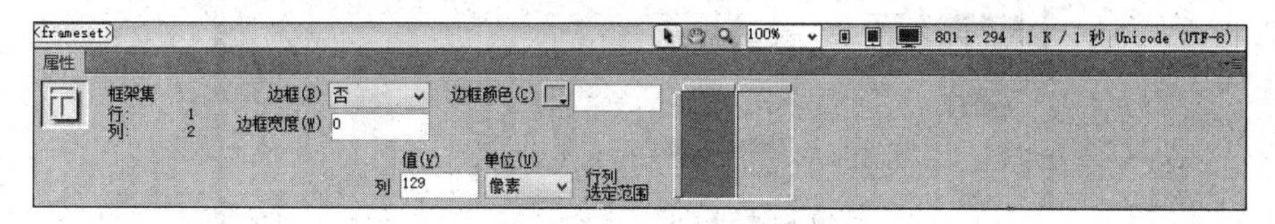

图 7-24 设置框架集属性

(2) 将光标置于 body 框架中，在“文件”选项卡中，单击“在框架中打开”命令，如图 7-25 所示，打开站点根目录下的 p0. html 文件，如图 7-26 所示。在“页面属性”对话框中，将页面背景设置为“＃09F”，如图 7-27 所示。

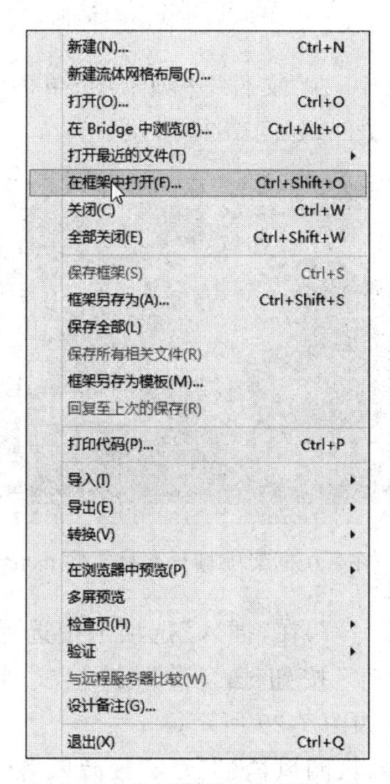

图 7-25 “在框架中打开”命令

图 7-26　在 body 框架中打开素材文件 p0. html

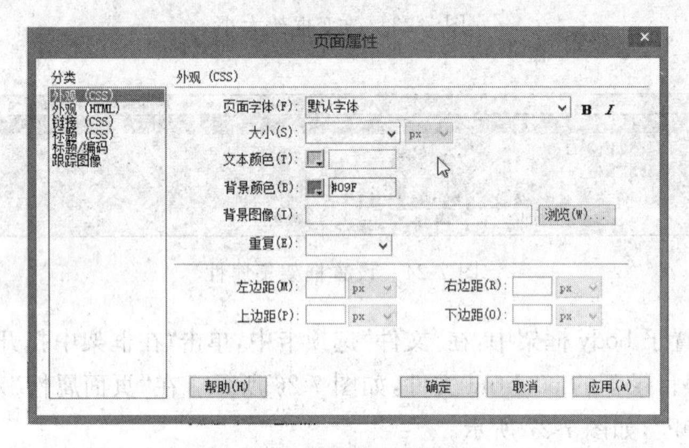

图 7-27　页面设置对话框

(3) 将光标置于 left 框架中，在“文件”选项卡中，单击“在框架中打开”命令，打开站点根目录下的 navigate. html 文件，如图 7-28 所示。

图 7-28　在 left 框架中打开素材文件 navigate. html

(4) 选中文本“校园风情(一)”，在“插入”选项卡中选择“超级链接”命令，打开“超级链接”对话框，单击“浏览文件”按钮 ，设置链接文件为“p1. html”，目标框架为 mainFrame，单击“确认”按钮，如图 7-29 所示。

(5) 按照上一步骤分别给“校园风情(二)”、“校园风情(三)”、“校园风情(四)”、“校园风情(五)”设置链接文件“p1. html”、“p2. html”、“p3. html”、“p4. html”。设置后的效果如图 7-30 所示。

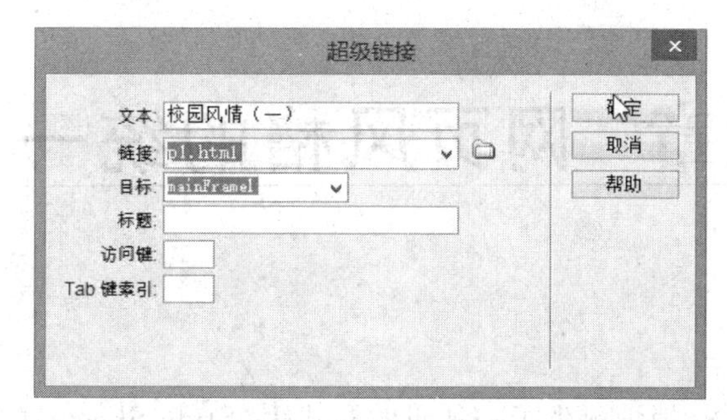

图 7-29 “超级链接”对话框

图 7-30 设置文本超级链接效果

7.2.4 创建框架集扩展练习

使用框架制作“校园论坛”网页，效果如图 7-31 所示。

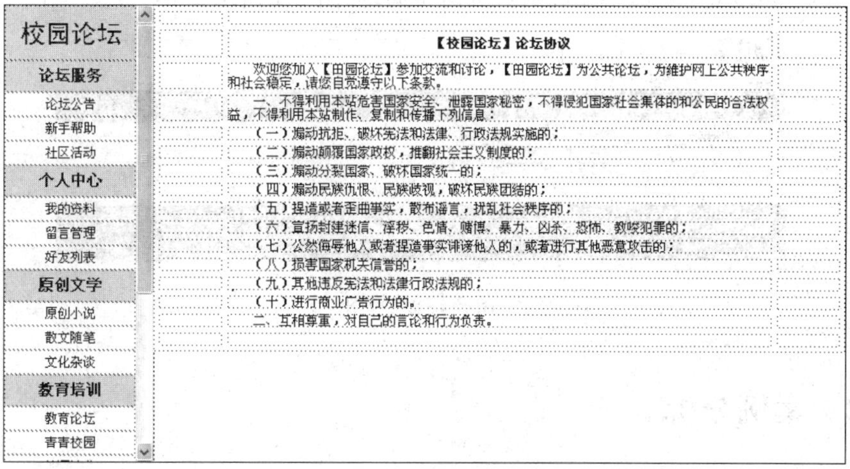

图 7-31 校园论坛网页

第8章 网页风格的统一

1996年底的时候，悄悄诞生了一种叫做样式表(Style Sheets)的技术，全称应该是级联样式表(Cascading Style Sheets,CSS)。CSS的特点如下：

- 将对布局、字体、颜色、背景和其他文图效果实现更加精确的控制。
- 只要通过修改一个文件就可以改变页数不计的网页的外观和格式。
- 在所有浏览器和平台之间的兼容性。
- 更少的编码、更少的页数和更快的下载速度。

CSS在实现其承诺方面作得相当出色，CSS在改变我们制作样式表的方法，它为大部分的网页创新奠定了基石。

自从引入了样式表技术，浏览器的显示规范就开始采用默认样式为基础，加上附加修正样式结合的方式完成。也就是说，如果没有设置样式，浏览器会使用默认样式完成显示，如果设置了样式，样式指定的相关内容按新样式呈现，样式未指定的还以默认样式完成显示。

8.1 网页页面布局

8.1.1 案例描述

利用 Dreamweaver CS6 完成网页页面布局，如图8-1所示。

图8-1 效果图

8.1.2 案例分析

在制作网站时，为了保持网站页面风格的统一，在正式编辑每个页面时，首先要做好网页页面布局，也就是要规划好网站页面内容的排版。参照案例样图，通过分析可得，需要进行以下工作：

（1）设置页面背景样式；

（2）页面内容设置，插入布局对象 div，用于存放页面所有内容；

（3）设置 LOGO 图片布局；

（4）网站主菜单布局；

（5）左边主体内容布局；

（6）右边内容布局，包括模块 LOGO 图片、导航、页面具体信息；

（7）网站版本信息布局。

8.1.3 案例实施

1. 页面样式设置

新建一个网页，显示设计视图。单击属性栏中的“编辑规则”，弹出“新建 CSS 规则”对话框，如图 8-2 所示。

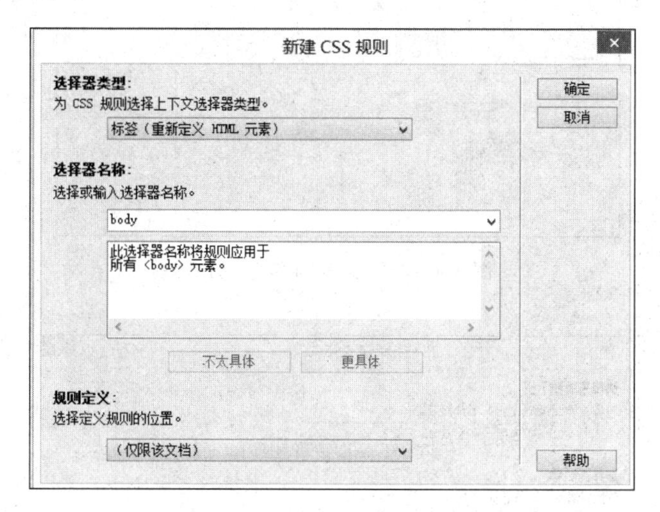

图 8-2 “新建 CSS 规则”对话框

选择器类型选择标签，选择器名称选择 body，单击“确定”按钮，弹出“body 的 CSS 规则定义”对话框，如图 8-3 所示。分类选择背景，Background-color 设置为 #EBF0F4。分类选择方框，Padding 和 Margin 的全部相同都选中，且下面的 Top 都设置为 0。单击“确定”按钮，关闭对话框。

2. 页面内容设置

选择菜单“插入”→“布局对象”→“div 标签”，打开“插入 div 标签”对话框，如图 8-4 所示。

ID 输入 contentDiv，单击“新建 CSS 规则”，打开“新建 CSS 规则”对话框，如图 8-5 所示。

单击“确定”按钮，打开“#contentDiv 的 CSS 规则定义”对话框，如图 8-6 所示。

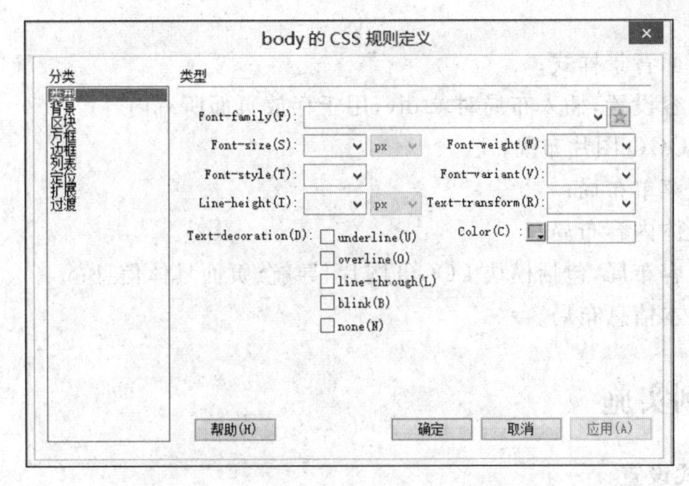

图 8-3 “body 的 CSS 规则定义”对话框

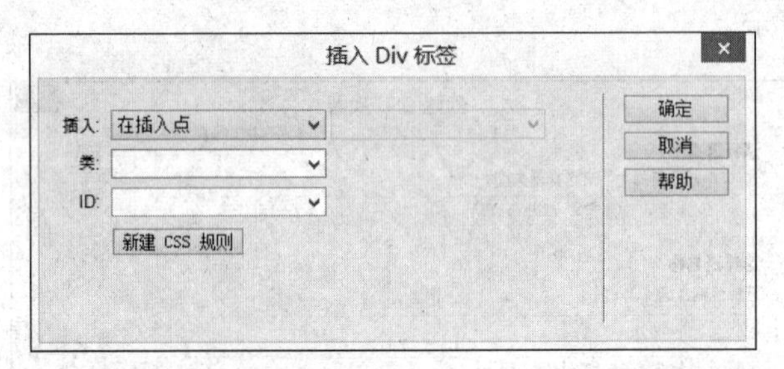

图 8-4 “插入 div 标签”对话框

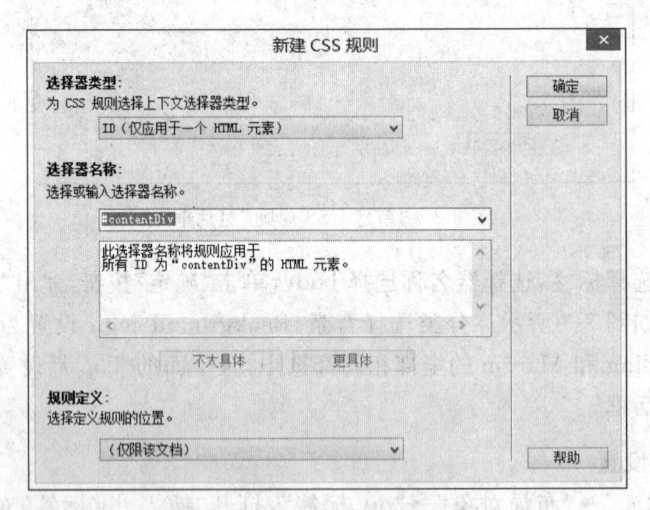

图 8-5 “新建 CSS 规则”对话框

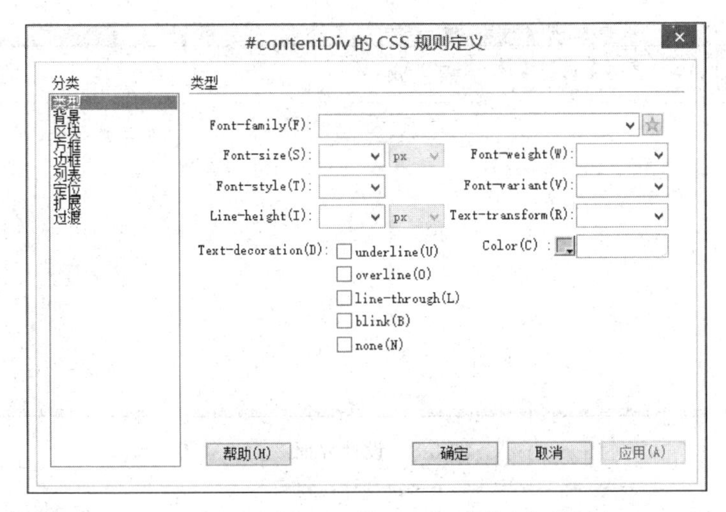

图 8-6 “#contentDiv 的 CSS 规则定义”对话框

分类选择背景，Background-color 设置为 #FFFFFF。分类选择方框，Width 设置为 1000，Height 设置为 500，Margin 的全部相同选中，Top 设置为 auto。单击“确定”按钮，打开“插入 Div 标签”，单击“确定”按钮。此时界面如图 8-7 所示。

图 8-7 设计界面

删除里面的文字。

3. 设置 LOGO 图片布局

选择菜单“插入”→“布局对象”→“div 标签”，打开“插入 div 标签”对话框。ID 设置为 logoDiv，单击“新建 CSS 规则”，打开“新建 CSS 规则”，单击“确定”按钮，打开“#contentDiv 的 CSS 规则”。分类选择背景，单击 Background-image 后的浏览按钮，选择图片，Background-repeat 为 no-repeat。分类选择方框，设置 Height 为 69。单击“确定”按钮，如图 8-8 所示。

删除里面的文字。

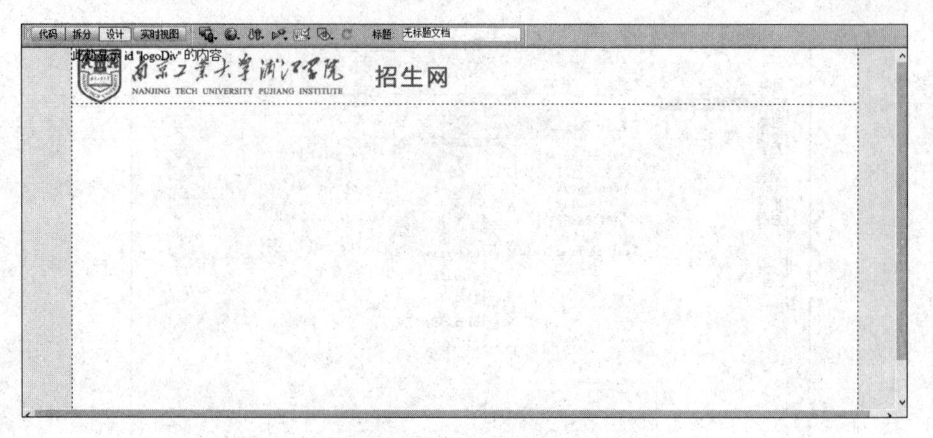

图 8-8 设计界面 2

4. 网站主菜单布局

选择菜单“插入”→“布局对象”→“div 标签”，打开“插入 div 标签”对话框。ID 设置为 headerDiv，单击“新建 CSS 规则”，打开“新建 CSS 规则”，单击“确定”按钮，打开“#headerDiv 的 CSS 规则”。分类选择背景，设置 Background-color 为 #386591，分类选择方框，设置 Height 为 43，Margin 的全部相同不选中，设置 margin-bottom 为 10。单击“确定”按钮，如图 8-9 所示。

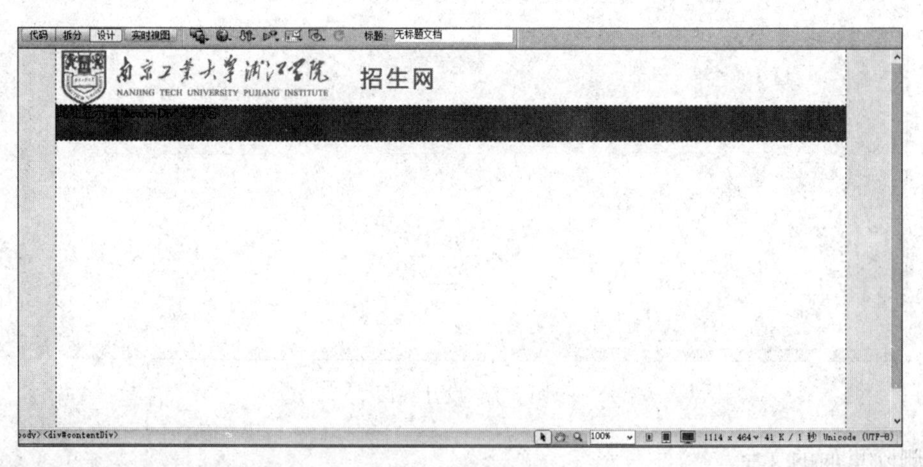

图 8-9 设计界面 3

删除里面的文字。菜单内容将在下一个案例中讲解。

5. 左边主体内容布局

选择菜单“插入”→“布局对象”→“div 标签”，打开“插入 div 标签”对话框。ID 设置为 leftDiv，单击“新建 CSS 规则”，打开“新建 CSS 规则”，单击“确定”按钮，打开“#leftDiv 的 CSS 规则”。分类选择背景，设置 Background-color 为 #EEF6FD，分类选择方框，设置 Width 为 215，设置 Float 为 left。设置 Margin 的 Right 为 10，如图 8-10 所示。

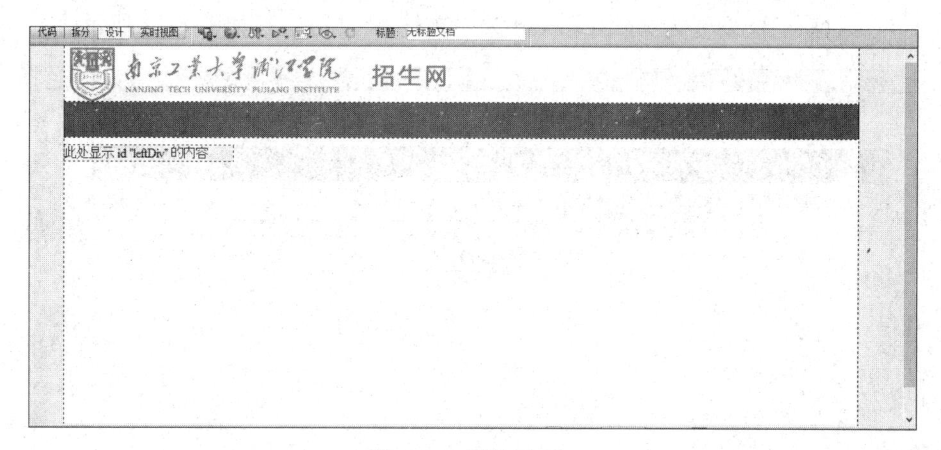

图 8-10　设计界面 4

6. 右边内容布局

(1) 选择菜单"插入"→"布局对象"→"div 标签",打开"插入 div 标签"对话框。ID 设置为 rightDiv,单击"新建 CSS 规则",打开"新建 CSS 规则",单击"确定"按钮,打开"#rightDiv 的 CSS 规则"。分类选择背景,设置 Background-color 为# #FFFFFF,分类选择方框,设置 Width 为 775,设置 Float 为 left。设置 Height 为 100,如图 8-11 所示。

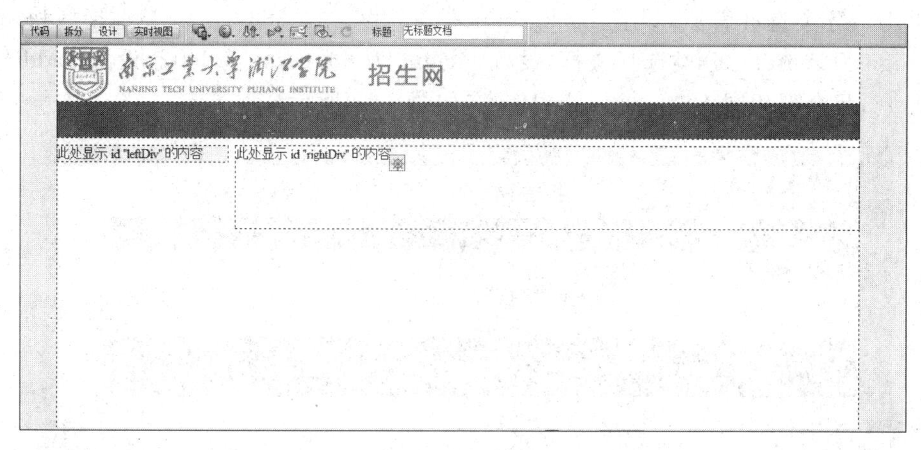

图 8-11　设计界面 5

(2) 删除 rightDiv 中的文字。将光标放在 rightDiv 中,选择菜单"插入"→"布局对象"→"div 标签",打开"插入 div 标签"对话框。ID 设置为 rightlogoDiv,单击"确定"按钮。

(3) 将光标放在 rightDiv 中,选择菜单"插入"→"布局对象"→"div 标签",打开"插入 div 标签"对话框。ID 设置为 righttitleDiv,单击"确定"按钮。

(4) 将光标放在 rightDiv 中,选择菜单"插入"→"布局对象"→"div 标签",打开"插入 div 标签"对话框。ID 设置为 righttitleDiv,单击"确定"按钮。

(5) 将光标放在 rightDiv 中,选择菜单"插入"→"布局对象"→"div 标签",打开"插入

div 标签”对话框。ID 设置为 rightcontentDiv，单击“确定”按钮，如图 8-12 所示。

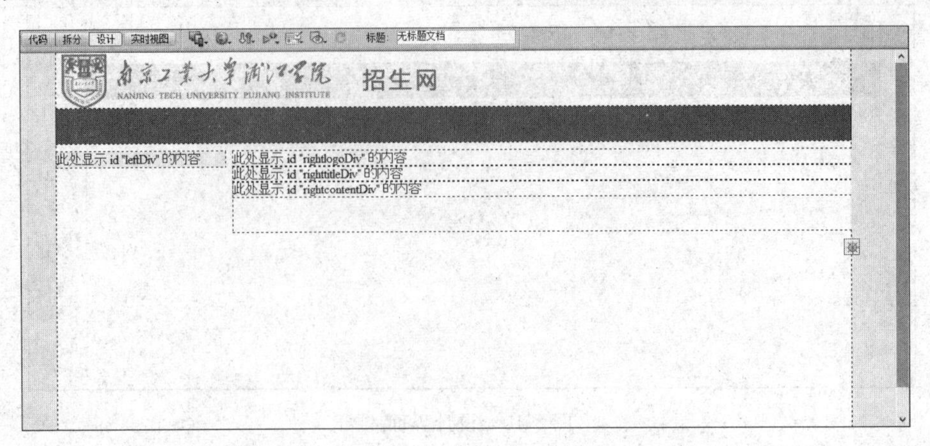

图 8-12　设计界面 6

7. 网站版本信息布局

将光标放在 rightDiv 后，选择菜单“插入”→“布局对象”→“div 标签”，打开“插入 div 标签”对话框。ID 设置为 footerDiv，单击“新建 CSS 规则”，打开“新建 CSS 规则”，单击“确定”按钮，打开“＃rightDiv 的 CSS 规则”。分类选择类型，设置 Font-size 为 13，Color 为＃ffffff。分类选择背景，设置 Background-color 为＃ ＃38659。分类选择区块，设置 Text-align 为 center。分类选择方框，设置 Height 为 66，Clear 为 left。设置 Padding 的 Top 为 10，且全部相同不选。输入相关信息，如图 8-13 所示。

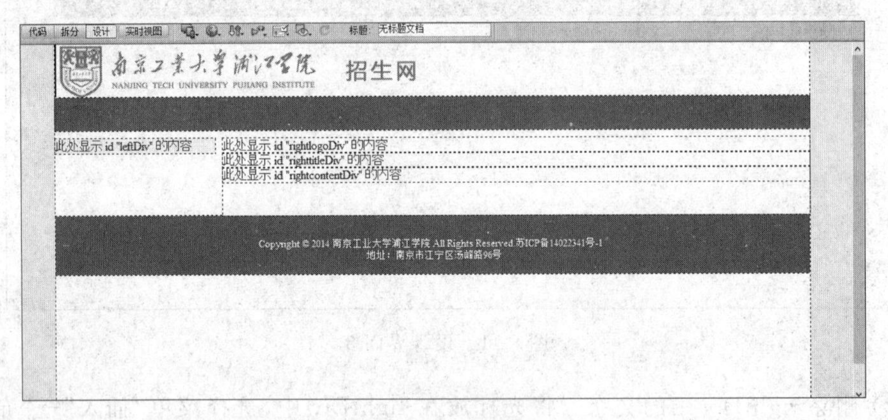

图 8-13　设计界面 7

8.1.4　拓展练习

完成图 8-14 的制作。

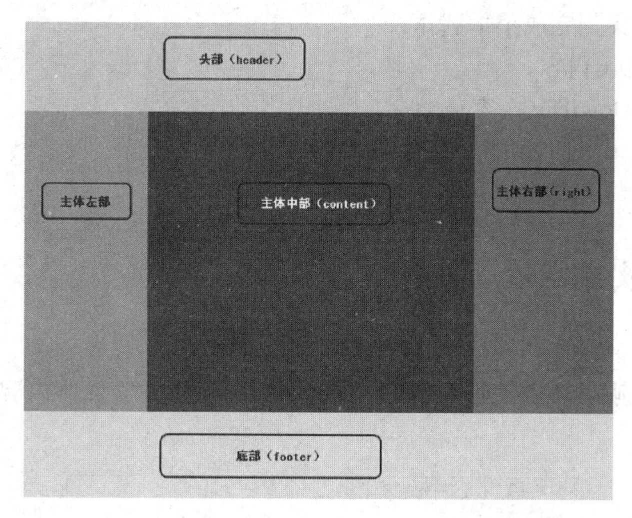

图 8-14　拓展练习界面

8.2　页面内容制作

8.2.1　案例描述

利用 Dreamweaver CS6 完成网页页面制作，如图 8-15 所示。

图 8-15　效果图

8.2.2　案例分析

参照案例样图，通过分析可得，需要进行以下工作：

（1）借助上一案例完成菜单制作；
（2）制作 leftDiv 内容；
（3）制作 rightlogoDiv 内容；
（4）制作 righttitleDiv 内容；
（5）制作 rightcontentDiv 内容。

8.2.3　案例实施

1. 菜单制作

打开 8.1 案例，显示“代码”视图。在 headerDiv 内填写菜单内容，参考如图 8-16 所示。

```
<div id="headerDiv">
  <ul id="nav">
      <li><a href="#">首   页</a></li>
      <li><a href="#">学院概况</a></li>
      <li><a href="#">专业介绍</a></li>
      <li><a href="#">招生动态</a></li>
      <li><a href="#">招生章程</a></li>
      <li><a href="#">招生计划</a></li>
      <li><a href="#">招生政策</a></li>
      <li><a href="#">报考指南</a></li>
      <li><a href="#">联系我们</a></li>
  </ul>
</div>
```

图 8-16　内容

添加样式内容，参考如图 8-17 所示。

```
#nav{ height:43px; font-size:46px;
background-color:#386591; list-style:none; padding:0px; }
#nav li { width:84px; float:left;
text-align:center; font-weight:bold; line-height:43px; }
#nav li a{ text-decoration:none;
float:left; text-align:center; width:84px; }
#nav li a:link, #nav li a:active, #nav li a:visited{ color:#fff; font-size:16px; }
#nav li a:hover{ background-color:#3B87D6; }
```

图 8-17　样式内容

页面效果如图 8-18 所示。

首 页　学院概况　专业介绍　招生动态　招生章程　招生计划　招生政策　报考指南　联系我们

图 8-18　菜单

2. leftDiv 内容制作

在 leftDiv 内填写左侧导航内容，如图 8-19 所示。
添加样式内容，参考如图 8-20 所示。
页面效果如图 8-21 所示。

3. rightlogoDiv 内容制作

删除 rightlogoDiv 内容，添加样式内容，参考如图 8-22 所示。

```
<div id="leftDiv">
  <div>专业介绍</div>
  <ul>
      <li>专业介绍</li>
  </ul>
</div>
```

图 8-19 内容

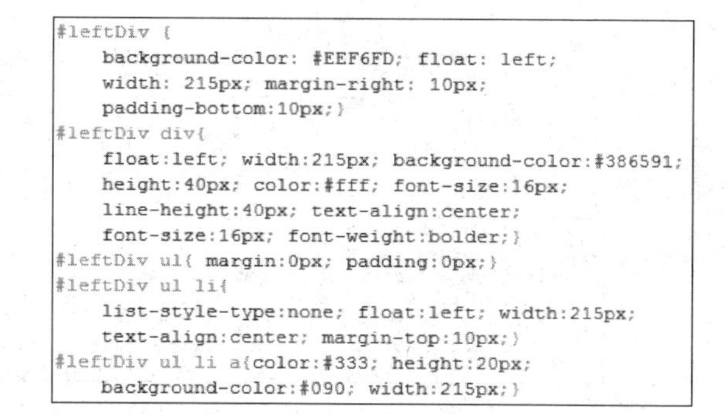

```
#leftDiv {
    background-color: #EEF6FD; float: left;
    width: 215px; margin-right: 10px;
    padding-bottom:10px;}
#leftDiv div{
    float:left; width:215px; background-color:#386591;
    height:40px; color:#fff; font-size:16px;
    line-height:40px; text-align:center;
    font-size:16px; font-weight:bolder;}
#leftDiv ul{ margin:0px; padding:0px;}
#leftDiv ul li{
    list-style-type:none; float:left; width:215px;
    text-align:center; margin-top:10px;}
#leftDiv ul li a{color:#333; height:20px;
    background-color:#090; width:215px;}
```

图 8-20 样式内容

专业介绍

专业介绍

图 8-21 效果图

```
#rightlogoDiv{ background-image:url(list_top.png);
background-repeat:no-repeat; height:121px; width:775px;}
```

图 8-22 样式内容

为了不让网页底部的文字与上面的图片和其他 div 交叉显示。对底部的 footerDiv 添加样式。删除＃contentDiv 样式的 height 内容，删除 rightDiv 样式的 height 内容。

修改 footerDiv 样式内容，参考如图 8-23 所示。

```
#footerDiv {
    clear:left; height:66px; font-size:13px; color:#ffffff;
    background-color:#386591; text-align:center; padding-top:10px;}
```

图 8-23 样式内容

页面效果如图 8-24 所示。

图 8-24 效果图

4. righttitleDiv 内容制作

编写内容，参考如图 8-25 所示。

编写样式内容，参考如图 8-26 所示。

页面效果如图 8-27 所示。

```
<div id="righttitleDiv">
    <h4><span>专业介绍</span></h4>
</div>
```

图 8-25　内容

```
#righttitleDiv{ margin-top:10px;}
#righttitleDiv h4{
    background-image:url(commen_top_left.png); background-repeat:no-repeat;
    height:37px; width:154px; display:block; margin:0px; padding-top:8px;}
#righttitleDiv h4 span{
    background-image:url(ico_5.png); background-repeat:no-repeat; height:20px;
    width:150px; margin-left:10px; padding-left:25px; display:block; color:#FFF;}
```

图 8-26　样式内容

图 8-27　效果图

5. rightcontentDiv 内容制作

删除 rightcontentDiv 内容，填写显示内容，参考如图 8-28 所示。

```
<div id="rightcontentDiv">
    <ul>
        <li>
            <span class="pubDate floatR">05/11</span>
            <a href="#" target="_blank" title="移动网络学院专业介绍（带方向）">移动网络学院专业介绍（带方向）</a>
        </li>
        <li>
            <span class="pubDate floatR">05/11</span>
            <a href="#" target="_blank" title="移动网络学院专业介绍（无方向）">移动网络学院专业介绍（无方向）</a>
        </li>
    </ul>
</div>
```

图 8-28　内容

添加样式内容，参考如图 8-29 所示。

页面效果如图 8-30 所示。

8.2.4　拓展练习

完成图 8-31 的制作。

```
#rightcontentDiv{
    margin-bottom:100px; background-color:#333;}
#rightcontentDiv ul{
    margin:0px; padding:0px;}
#rightcontentDiv ul li{
    list-style-type:none; float:left; text-align:left;
    margin-top:10px; width:775px; padding-bottom:15px;
    border-bottom-color:#666; border-bottom-width:1px;
    border-bottom-style:dashed; background-image:url(arrow.png);
    background-repeat:no-repeat;}
#rightcontentDiv ul li span{
    float:right; margin-right:10px; font-size:14px;
    line-height:7px; font-family:"Microsoft YaHei"; color:#666;}
#rightcontentDiv ul li a{
    float:left; font-size:14px; padding-left:15px; line-height:7px;
    font-family:"Microsoft YaHei";}
#rightcontentDiv ul li a:link,#rightcontentDiv ul li a:active,
#rightcontentDiv ul li a:visited,#rightcontentDiv ul li a:hover{
    color:#666; text-decoration:none;}
```

图 8-29　样式内容

图 8-30　效果图

图 8-31　拓展练习效果图

附录A PS与平面设计的必备辅助性知识

平面设计是把平面上的几个基本元素，包括图形、字体、文字、插图、色彩、标志等以符合传达目的的方式组合起来，使之成为批量生产的印刷品，使之具有进行准确的视觉传达的功能，同时给观众以设计需要达到的视觉心理满足，如图A-1和图A-2所示。

图 A-1　海报

图 A-2　包装

Adobe Photoshop 软件作为专业的图像编辑标准，可帮助用户创造高质量的图片，提高用户工作效率，尝试新的创作方式。PS5 为用户-摄影师、平面设计师、视频和电影制作者、网页设计师——提供了相应的工具和功能。学习 PS5，再结合本领域的专业知识，便可创造出无与伦比的影像作品。

1. 透视的基本知识

所谓速写绘画的透视知识，通俗地讲就是“研究立体物像在画面上近大远小规律的基本知识”。若想在画面中正确地表现立体物像，首先要解决的就是透视问题。

我们知道，各种物体随观察距离的远近，观察角度的不同，都会发生长短、高矮、宽窄的变化，这就是常说的透视变化。无论画任何物体都必须熟练掌握透视规律，才能准确地在各种角度描绘出物体不同位置的透视变化。透视法又称远近法，常见的焦点透视有平行透视（又称一点透视），成角透视（又称两点透视）及三点透视三类，如图 A-3 所示。

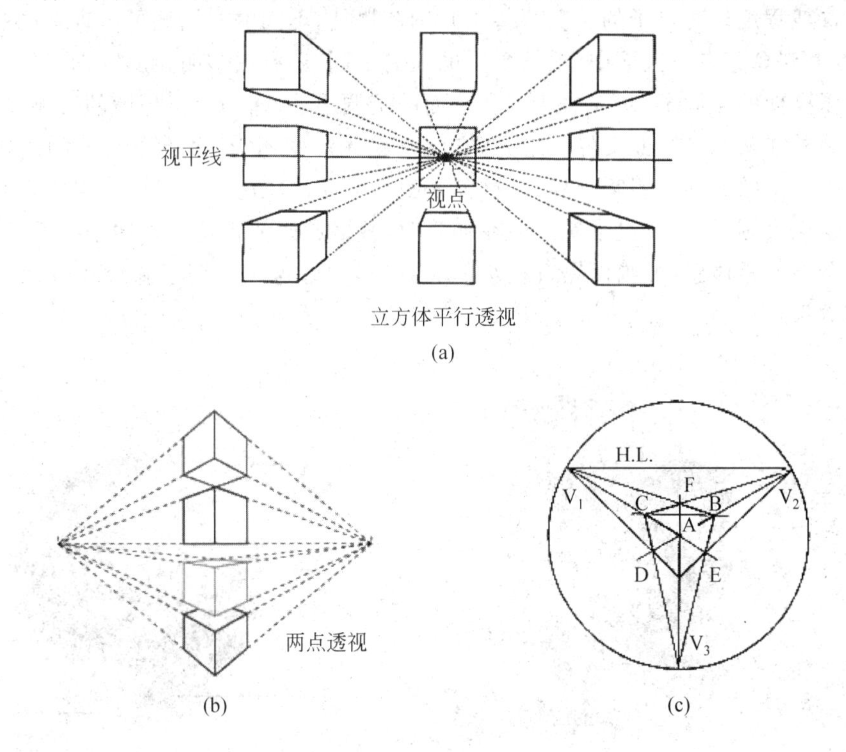

图 A-3　透视法

2. 素描的基本知识

素描由木炭、铅笔、钢笔等，以线条来画出物像明暗的单色画，称作素描。即素描是一切造型艺术的基础，是以单一色彩的线、块、面准确地描绘客观物像特征的一种绘画形式，具有独立的审美艺术价值。

素描造型能力指的是人们在平面的物质（如纸张、墙壁等）上表现和刻画形象的能力，任何绘画形式都体现这一能力，所以素描造型能力是绘画艺术的基础。素描是一切造型艺术的基础，这是研究的过程中所必须经过的一个阶段。轮廓和线条是素描的一般称谓。素描具备了自然规律动感，观者从欣赏过程中可感受这一点。不同的笔触营造出不同的线条及横切关系，并包括节奏，主动与被动的周围环境、平面、体积、色调及质感。

自然界中一切可见物体在光照状态下都会出现明暗光影的变化。光源一般有自然光、阳光、灯光(人造光)。由于光的照射角度不同，光源与物体的距离不同，物体的质地不同，物体面的倾斜方向不同，光源的性质不同，物体与画者的距离不同等，都将产生明暗色调的不同感觉。在学习素描中，掌握物体明暗调的基本规律是非常重要的，物体明暗调子的规律可归纳为“三面五调”。

(1) 三面(图 A-4)物体在受光的照射后，呈现出不同的明暗，受光的一面叫亮面，侧受光的一面叫灰面，背光的一面叫暗面。这就是三面。

(2) 五调(图 A-5)调子是指画面不同明度的黑白层次。是体面所反映光的数量，也就是面的深浅程度。对调子的层次要善于归纳和概括，不同的素描调子体现不同的个性、风格、爱好和观念。在三大面中，根据受光的强弱不同，还有很多明显的区别，形成了五个调子。除了亮面的亮调子，灰面的灰调和暗面的暗调之外，暗面由于环境的影响又出现了“反光”。另外在灰面与暗面交界的地方，它既不受光源的照射，又不受反光的影响，因此挤出了一条最暗的面，叫“明暗交界”。这就是我们常说的“五大调子”。当然实际画起来，不仅仅是这五大调子，还要更丰富。但在初学时，我们起码要把这五种调子把握好。在画面中树立调子的整体感，即画面黑、白、灰的关系，运用好这几大调子来统一画面，表现画面的整体效果。

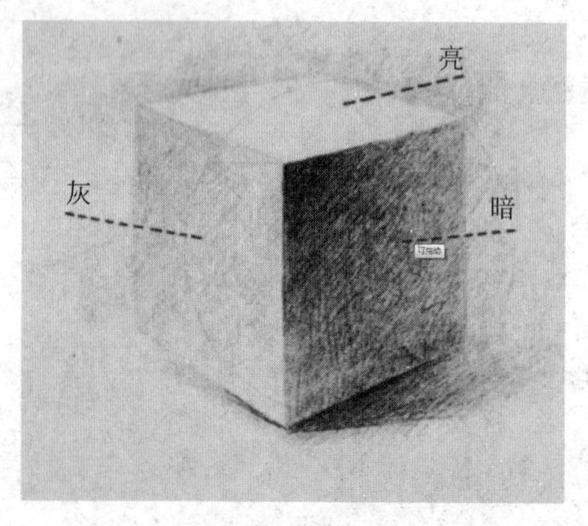

图 A-4　三面

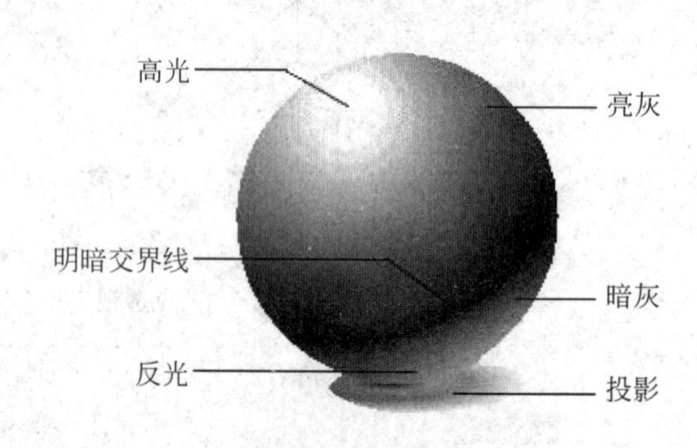

图 A-5　五调

3. 色彩的基础知识

颜色是一个强有力的、刺激性极强的设计元素，它可以给人视觉上的第一感受和震撼，因此，创建完美的色彩至关重要。用好了色彩往往能收到事半功倍的效果。色彩能激发人的情感，合理的色彩搭配可以使一幅图像充满了活力，能够震慑人的内心世界。当色彩运用得不协调时，表达的意思就不完整，甚至可能表达出一种错误的感觉。

为了正确地理解和使用颜色，要了解色彩可分为无彩色类和有彩色类。无彩色类是指黑、白及由黑白两色调制成的各种灰色。红、黄、蓝等有颜色的色彩则构成有彩色类。

有彩色类的颜色具有三种属性：色相、纯度、明度。

色相(图 A-6)：就是色彩的相貌，如红、橙、黄、绿、蓝、紫等不同色相。这些颜色相互调配还可获得更多的色相。

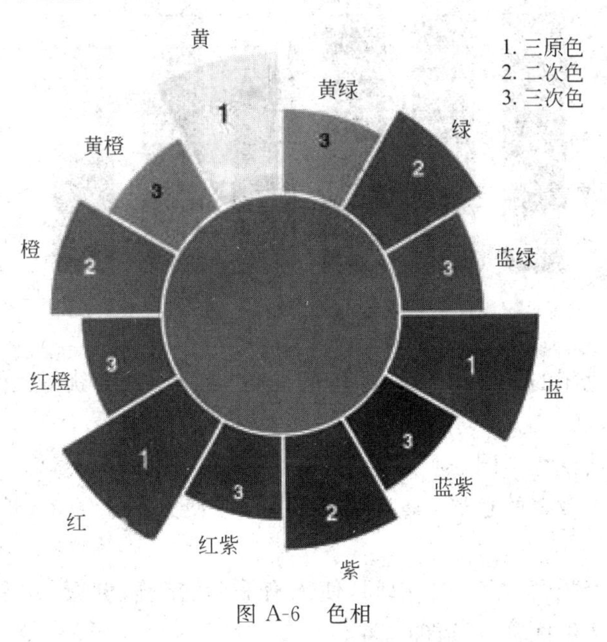

图 A-6　色相

纯度(图 A-7)：纯度又称彩度，也即色彩的饱和程度。如红色纯度高，加进黑呈暗红色，那么暗红色就没有红色纯度高。

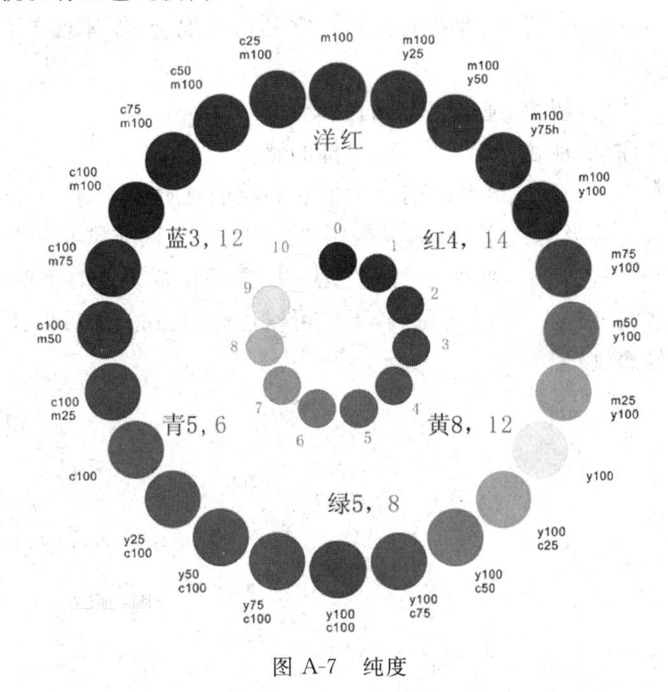

图 A-7　纯度

明度(图 A-8)：又称亮度，是指色彩的明暗深浅程度。如浅蓝、蓝、深蓝的差异，不同色相也有明度差异，如黄比红亮等。

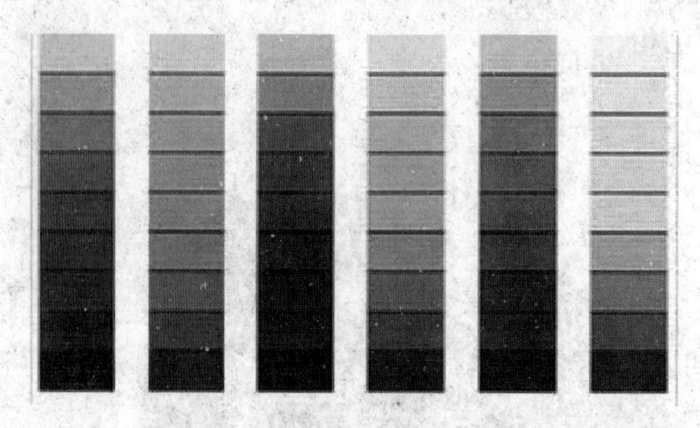

图 A-8 明度

颜色通过不同色相的调配和纯度、明度的提高与降低，就会获得我们所需要的各种丰富的色彩。

不同的颜色会给读者不同的心理感受。

红色——是一种激奋的色彩，具有刺激效果，能使人产生冲动、愤怒、热情、活力的感觉。

绿色——介于冷暖两种色彩的中间，使人有和睦、宁静、健康、安全的感觉。它和金黄、淡白搭配，可以产生优雅、舒适的气氛。

橙色——也是一种激奋的色彩，具有轻快、欢欣、热烈、温馨、时尚的效果。

黄色——具有快乐、希望、智慧和轻快的个性，它的明度最高。

蓝色——是最具凉爽、清新、专业的色彩。它和白色混合，能体现柔顺、淡雅、浪漫的气氛(像天空的色彩)。

白色——具有洁白、明快、纯真、清洁的感受。

黑色——具有深沉、神秘、寂静、悲哀、压抑的感受。

灰色——具有中庸、平凡、温和、谦让、中立和高雅的感觉。

一张相片是否能够吸引观察者，除了构图外，整体的色调非常重要！一张普通的相片，把它调成不同的颜色，所得到的视觉感受是不一样的！特别是时下的工作室，对相片的色调要求非常严格，因为一个好的色调，不但可以让画面漂亮，还可以让整个主题突出，更能传达出作者的想法！

附录 B Dreamweaver 与网页设计

1. 网页设计基础知识

当今社会已经进入到信息时代，同时随着 Internet 的迅速发展，人们越来越多地通过网络来实现其活动：网上信息、网上购物、网上求医等。对于网站的要求也随之不断提高，网站的内容要充实，网页的浏览以及更新速度要快，网页在视觉上要美观，这对网站开发人员提出了更高的要求。

在学习创建网站、制作网页之前，我们先浏览几个优秀的网站，对这些网站的主页进行分析，了解优秀网页的布局结构、色彩搭配、导航栏的设计等。

图 B-1 是一家汽车公司的主页，从内容上看，和传统汽车网页一样采用黑色的背景，凸显出一种高贵、科技的感觉。文章的文字部分采用高明度灰色，体现了主题。汽车轮子处的火，表现了激情、兴奋。使主题更加深化一步。给人庄重稳重的同时，不失激情活跃的一面。从结构上看，页面比较简洁，内容布局合理，值得学习和借鉴。

图 B-1 网页欣赏实例

图 B-2 是一则体育网页，确切地说是一则以赛车为主题的网页，红色的使用让我们感受到赛车给人们带来的激情和兴奋。网页上半部分采用流动的色块，更加表达了主题。文字的使用是一种完美。图片的摆放和处理都是为了明确主题。黑色和红色的搭配是一种完善。风格杂而不乱。

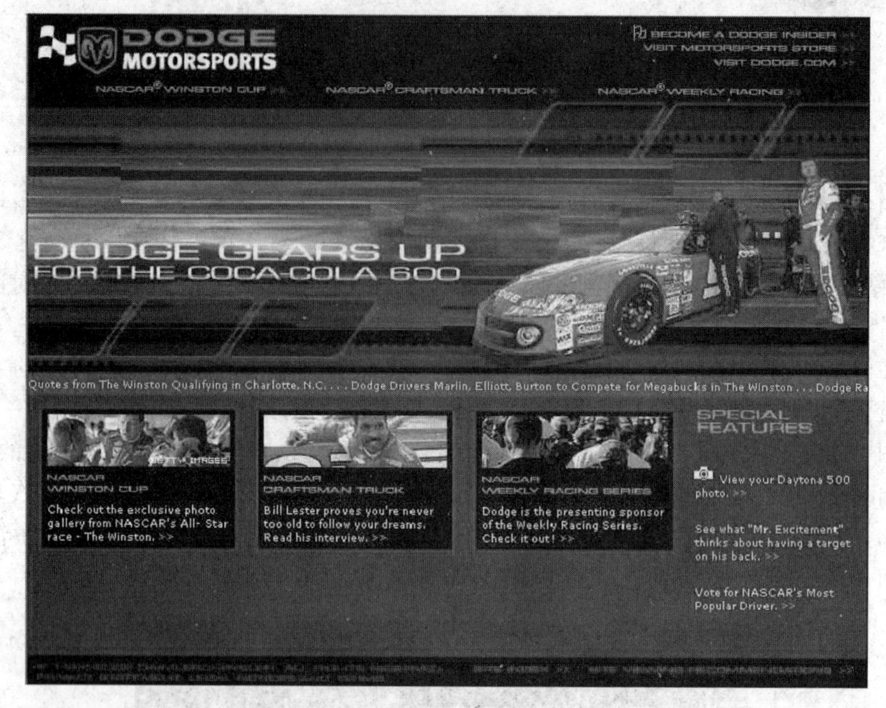

图 B-2　网页欣赏实例

图 B-3 是百度主页。页面比较简洁，除了网站标志和页脚信息，主体部分只有简单的一行文字和一些表单域。百度这种典雅的用户界面设计是值得借鉴的。

图 B-3　百度主页

通过以上几个网站主页的欣赏，大家对网页有了大概的印象，下面介绍网页制作的相关理论和制作工具。

网页(Web Page)实际上是一个文件，网页里可以有文字、图像、声音及视频信息等。设计网页需要考虑的因素非常多，从前期网页的定位、整理资料、设定网页框架，到具体制作中的设计环节，再到最后的调试、发布、宣传，是一个环环相扣的过程。作为一名普通的网页设计师，无论你设计的是企业网页还是个人网页，最重要的是要有创意，要有自己的风格，要与众不同。网站的创意与风格是网页能否生存的关键所在。给定一个主题，不同的人不可能设计出完全一样的网页。那么到底什么是创意，什么是风格呢?

1) 网页的创意

创意是捕捉出来的点子，是创作出来的奇招，是传达信息的一种特别方式。其目的是为了更好地宣传推广网页。这里说的创意是指网页的整体创意。创意是将现有要素的重新组合。网络上的许多创意来自于现实生活(或者虚拟现实)的结合。今天，网上的许多在线书店、电子社区、在线拍卖等无一不是现有要素重新组合的结果。从这一点出发，任何人，包括你和我，只要用心去观察都可以创造出不同凡响的创意。

2) 网页的风格

风格是网页的整体形象给浏览者的感受，它有以下主要特点：

(1) 风格是抽象的。

(2) 风格是独特的。

(3) 风格是人性的。

树立网页风格通常可从以下几个方面来思考：

(1) 确信风格是建立在有价值的内容之上的。

(2) 要彻底搞清楚自己希望网页给人的印象是什么。

(3) 在明确自己的网页印象后，开始努力建立和加强这种印象。

网页风格设计主要包括颜色设计和文字设计。

设计精美的网站都有其色调构成的总体倾向。以一种或几种临近颜色为主导，使网页全局呈现某种和谐、统一的色彩倾向。先根据网页主题，选定一种主色，然后调整透明度或饱和度，也就是将色彩变浅或加深，调配出新的色彩。这样的页面看起来色彩一致，有层次感；一般来说，适合网页标准色的颜色有三大系：蓝色、黄/橙色和黑/灰/白色。另外可以充分利用对比色进行设计，同时注意使用灰色调进行调和，这样的作品页面色彩丰富。

文字在版面中一般占有绝大部分空间，是网页信息的主要载体。处理好文字关系到网页设计的成败。字体的选择、字号的大小、文字的颜色、行与行的距离、段落与段落的安排，都需要认真考虑。好的文字设计会给网页增色不少。

网页的版式设计是网页设计的核心，主要内容包括网页整体布局设计和导航样式的设计。

网页布局是网页设计的基础，目前网页的布局主要可归为分栏式结构、区域分布式结构、无框架局限式结构三大类型。

分栏式结构应用最为普遍，也是网页设计开发的最初形态。这是一种把页面从上到下分为几列构架的设计结构，如图 B-4 所示。

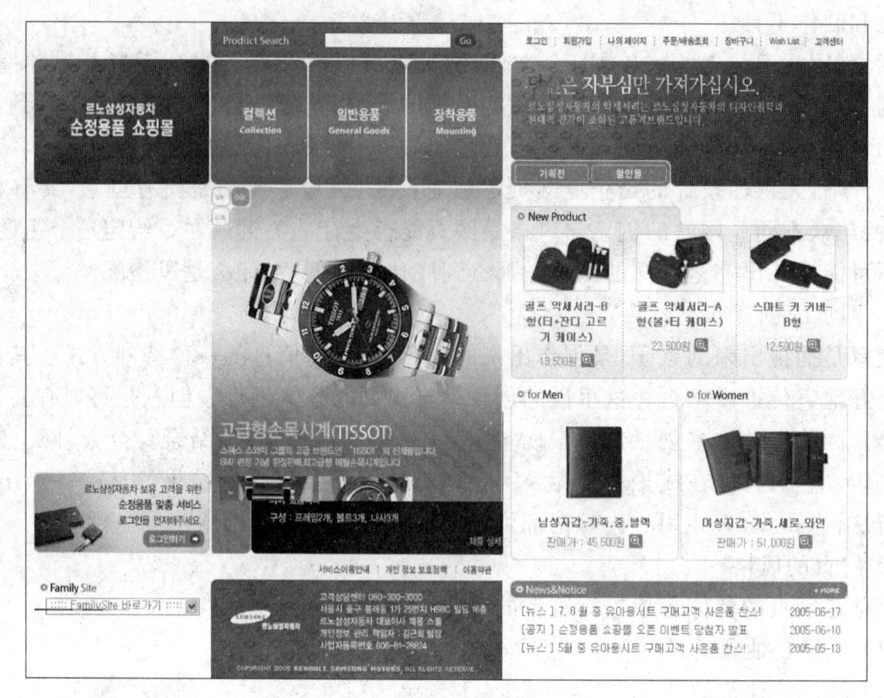

图 B-4　分栏式结构网页

利用辅助线、插图、色彩把网页平面分为几个规则的或不规则的区域，这种网页框架笼统称为区域分布式结构，也叫做区域编排式结构设计。横向割断分栏式结构，就可以变成区域排版。所以也可以称区域排版为分栏结构的变异，如图 B-5 所示。

图 B-5　区域分布式结构网页

总体来说，分栏式和区域编排没有严格的界限。只要能设计出风格独特的网页，就是好的框架。在进行设计时，不要给自己太多的条条框框和先入为主的思想，它们会妨碍思路的开阔和创意的展开。

分栏式结构和区域分布式结构以外的网页框架归属为一类，即无框架局限式结构，如图 B-6 所示。

图 B-6　无框架局限式结构

导航是网页设计中不可或缺的基础元素之一。导航就如同一个网站的路标，有了它就不会在浏览网站时“迷路”。导航链接着各个页面，只要单击导航中的超链接就能进入相应的页面。

导航设计的好坏，决定着用户是否能很方便地使用网站。导航设计应直观明确，最大限度地为用户使用考虑，尽可能使网页切换更便捷。导航的设计要符合整个网站的风格和要求，不同的网站会采用不同的导航方式。导航设计需要注意以下几点：

- 让用户了解当前所处的位置；
- 让用户能根据走过的路径，确定下一步的前进方向和路径；
- 不需要浏览太多的页面才能找到需要的信息，让用户能快速而简捷地找到所需的信息，并以最佳的路径到达这些信息；
- 让用户使用网站遇到困难时，能寻求到解决困难的方法，找到最佳路径；
- 让用户清楚地了解整个网站的结构概况，产生整体性感知；

• 对使用频率不同的信息作有序处理。

Internet 中的网页由于涉及和制作的差别而千变万化，但通常由几大版块组成。

(1) 网站 LOGO。通常网站为体现其特色与内涵，涉及并制作一个 LOGO 图像放置在网站的左上角或其他醒目的位置。一个设计优秀的 LOGO 可以给浏览者留下深刻的印象，为网站和企业形象宣传起到十分重要的作用。

(2) 导航条。导航条是网页的重要组成元素。设计的目的是将站点内的信息分类处理，然后放在网页中以帮助浏览者快速查找站内信息。导航条的形式多种多样，包括文本导航条、图像导航条以及动画导航条等。有些使用特殊技术(例如 Flash、JavaScript、CSS)制作的导航条还可以具有下拉菜单的功能。

(3) Banner。Banner 的中文意思是横幅。Banner 的内容通常为网页中的广告。在网页布局中，大部分网页将 Banner 放置在与导航条相邻处，或者其他醒目的位置以吸引浏览者浏览。

虽然网页种类繁多，形式内容各有不同。但网页的基本构成要素大体相同，网页设计就是要将构成要素有机整合，表达出美与和谐。

(1) 文本。网页中的信息以文本为主。与图片相比，文字虽然不如图片那样能够很快引起浏览者的注意，但却能准确地表达信息的内容和含义。

(2) 图片。用户在网页中使用的图片格式主要包括 GIF、JPEG 和 PNG 等，其中使用最广泛的是 GIF 和 JPEG 两种格式。

(3) 超链接。超链接在本质上属于一个网页的一部分，是一种允许用户同其他网页或站点之间进行连接的元素。超链接是指从一个网页指向一个目标的连接关系，这个目标可以是另一个网页，也可以是相同网页上的不同位置，还可以是一个图片、一个电子邮件地址、一个文件，甚至是一个应用程序。

(4) 动画。在网页中为了更有效地吸引浏览者的注意，许多网站的广告都做成了动画形式。网页中的动画主要有两种：GIF 动画和 Flash 动画。其中 GIF 动画只能有 256 种颜色，主要用于简单动画和图标。

(5) 声音和视频。声音是多媒体网页的一个重要组成部分。用于网络的声音文件的格式非常多，常用的有 MIDI、WAV、MP3 和 AIF 等。很多浏览器不要插件也可以支持 MIDI、WAV 和 AIF 格式的文件，而 MP3 和 RM 格式的声音文件则需要专门的浏览器播放。

(6) 表格。在网页中表格用来控制网页中信息的布局方式。包括两个方面：一是使用行和列的形式来布局文本和图像以及其他的列表化数据；二是可以使用表格来精确控制各种网页元素在网页中出现的位置。

(7) 表单。网页中的表单通常用来接受用户在浏览器端的输入，然后将这些信息发送到网页设计者设置的目标端。这个目标可以是文本文件、Web 页、电子邮件，也可以是服务器端的应用程序。表单一般用来收集联系信息、接受用户要求、获得反馈意见、设置来宾签名簿、让浏览者注册为会员并以会员的身份登录站点等。

(8) 其他常见元素。包括悬停按钮、Java 特效、ActiveX 等各种特效。它们不仅能点缀网页，使网页更活泼有趣，而且在网上娱乐、电子商务等方面也有着不可忽视的作用。

HTML、CSS、JavaScript 是制作网页的三大法宝。它们在网页设计中扮演了重要的角色。HTML 是基础架构，CSS 用来美化页面，而 JavaScript 用来实现网页的动态性、交互性。

HTML(HyperText Markup Language，超文本标记语言)是用来描述网页的一种标记语言。标记语言是一套标记标签，HTML 使用标记标签来描述网页。HTML 文档的基本结构如下：

```
<html>
<head>
<title>浦江学院</title>
</head>
<body>
Inspire a generation
</body>
</html>
```

<html>标签用于 HTML 文档的最前边，用来标识 HTML 文档的开始。而</html>标签恰恰相反，它放在 HTML 文档的最后边，用来标识 HTML 文档的结束，两个标签必须成对使用，网页中所有其他的内容都要放在<html>和</html>之间。

一个网页文档从总体上可分为头和主体两部分。<head>和</head>定义了 HTML 文档的头部分，必须是结束标签与起始标签成对使用。在此标签对之间可以使用<title></title>、<script></script>等标签对，这些标签对都是描述 HTML 文档相关信息的标签对，<head></head>标签对之间的内容是不会在浏览器的文档窗口中显示出来的。

<title></title> 标签对之间加入主页文本，网页的主题就可以显示到浏览器的顶部。

<body></body>定义了 HTML 文档的主体部分，必须是结束标签与起始标签成对使用。在<body>和</body>之间放置的是实际要显示的文本内容和其他用于控制文本显示方式的标签，如<p>、</p>、<h1>、</h1>、
、<hr>等，它们中间所定义的文本、图像等将会在浏览器的窗口内显示出来。对于<body>标签，有以下一些主要属性：

text 用于设定整个网页中的文字颜色，关于颜色的取值，在稍后部分会有详细讲解。link 用于设定一般超链接文本的显示颜色。

alink 用于设定鼠标移动到超链接上并按下鼠标时，超链接文本的显示颜色。vlink 用于设定访问过的超链接文本的显示颜色。

background 用于设定背景墙纸所用的图像文件，可以是 GIF 或 JPEG 文件的绝对或相对路径。

bgcolor 用于设定背景颜色，当已设定背景墙纸时，这个属性会失去作用，除非墙纸具有透明部分。

leftmargin 设定网页显示画面与浏览器窗口左边沿的间隙，单位为像素。topmargin

设定网页显示画面与浏览器窗口上边沿的间隙，单位为像素。

CSS(Cascading Style Sheets，层叠样式表单)简称样式单，是近几年才发展起来的新技术，作用是为 HTML 标签设置格式，目的是将文档的结构描述与其显示格式分开。

简单来说，HTML 是一种标记语言，而 CSS 是这种标记的一种重要扩展，可以进一步美化页面。换句话说，CSS 是一种用来装饰 HTML 的标记集合。

CSS 样式规则组成为：选择符{属性：值}，单一选择符的复合样式声明应该用分号隔开，如：选择符{属性 1：值 1；属性 2：值 2}。

CSS 样式类型包括类样式、ID 名称样式和标签样式。类样式可应用于任何 HTML 元素，它以一个点号来定义。在 HTML 文档中引用类 CSS 样式时，通常使用 class 属性，在属性值中不包含点号。ID 名称样式可以为标有特定 ID 名称的 HTML 元素指定特定的样式，它只能应用于同一个 HTML 文档中的一个 HTML 元素，ID 选择器以“#”来定义。标签样式匹配 HTML 文档中标签类型的名称。一旦定义了标签样式，在 HTML 文档中凡是含有该标签的地方自动应用该样式。

JavaScript 是由 Netscape 公司开发的一种脚本语言，可以被嵌入 HTML 文件中，它是一种基于对象和事件驱动，并具有安全性能的脚本语言。

在 HTML 基础上，使用 JavaScript 可以开发交互式 Web 网页，可以回应使用者的需求事件而不需要通过网络来回传资料。

2. Dreamweaver CS6 简介

Dreamweaver CS6 是世界顶级软件厂商 Adobe 推出的一套拥有可视化编辑界面，用于制作并编辑网站和移动应用程序的网页设计软件。它将可视布局工具、应用程序开发功能和代码编辑支持组合在一起，功能强大，使得各个层次的开发人员和设计人员都能够快速创建界面优美的基于标准的网站和应用程序。

Dreamweaver CS6 提供了一个将全部元素置于一个窗口中的集成布局。这种布局更能体现出 Dreamweaver CS6 异常灵活的功能特性，不同级别和不同经验的用户都能够依靠这种应用程序外观显著提高工作效率。Dreamweaver CS6 的工作界面(图 B-7)主要由以下几部分组成。

(1) 菜单栏：包含了所有 Dreamweaver CS6 操作所需要的命令。这些命令按照操作类别分为“文件”、“编辑”、“查看”、“插入”、“修改”、“格式”、“命令”、“站点”、“窗口”和“帮助”10 个菜单。

(2) 文档工具栏：包含按钮和弹出式菜单，它们提供各种文档窗口视图，如“设计”视图和“代码”等视图和多屏幕、文件管理、调试、浏览器兼容性检查等一些常用操作。

(3) 代码视图窗口：在该窗口中显示当前编辑页面的相应代码。

(4) 设计视图窗口：在该窗口中显示所制作页面的效果，也是可视化操作的窗口，可以使用各种工具在该窗口中输入文字、插入图像等，是所见即所得的视图。

(5) 标签选择器：标签选择器位于“文档”窗口底部的状态栏左侧，可显示环绕当前选定内容的标签的层次结构。单击该层次结构中的任何标签可以选择该标签及其全部内容。

(6)“属性”面板：用于查看和更改选中对象的各种属性。

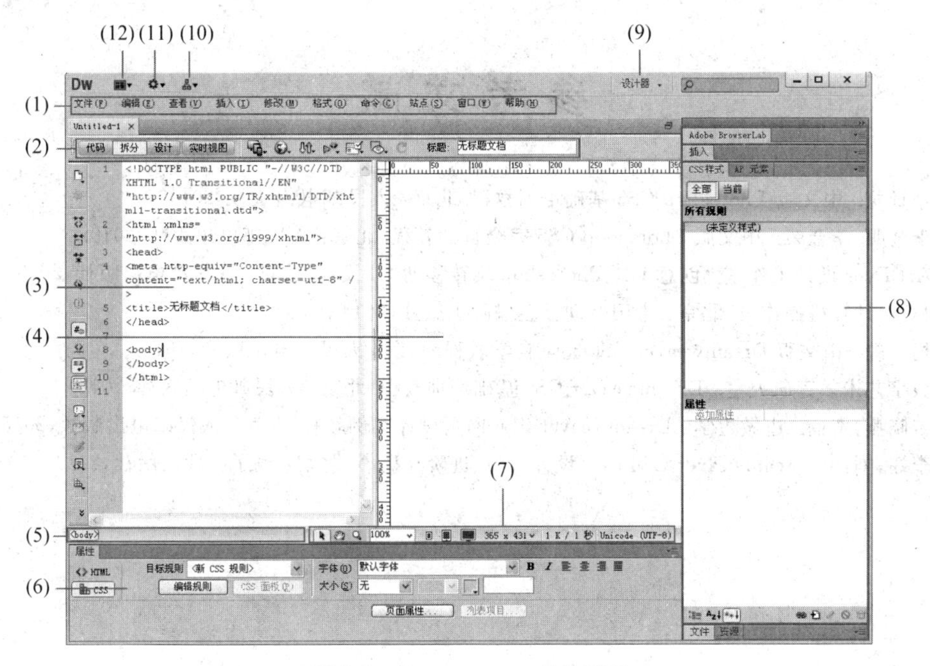

图 B-7　Dreamweaver 工作界面

(7) 状态栏：在状态栏上提供了设计视图的一些辅助工具，并且还显示了当前文档的大小以及文档编码格式等相关信息。

(8) 面板组：由一系列快捷面板组成，在面板上可以快速操作网页。面板组主要包括：插入面板、CSS 样式/AP 元素/标签检查器面板、数据库/绑定/组件面板和文件/资源面板等。

(9) "设计器"按钮：单击该按钮，可以在弹出的菜单中选择一种设计器作为 Dreamweaver 的工作界面。

(10) "站点"按钮：单击该按钮，在弹出的菜单中包括两个选项"新建站点"和"管理站点"。选择相应的选项，即可弹出相应的对话框，进行站点的相关操作。

(11) "扩展 Dreamweaver"按钮：单击该按钮，在弹出的菜单中可以选择相应的选项。

(12) 单击该按钮，在弹出的菜单中可以选择一种 Dreamweaver 设计窗口的布局方式。

创建文档是用 Dreamweaver CS6 进行网页设计的第一步。Dreamweaver CS6 本身为用户提供了多种创建文档的方式，例如启动 Dreamweaver CS6 时在"创建新项目"列表下选择 HTML，就可以创建一个空白的 HTML 页面，还可以利用软件提供的网页设计模板创建新文档以及从已有文件创建新文档等。

参 考 文 献

[1] 今日龙. 中文版 Photoshop CS5 基础培训教程. 北京：人民邮电出版社，2010.
[2] 李金明，李金荣. 中文版 Photoshop CS5 完全自学教程. 北京：人民邮电出版社，2010.
[3] Art Eyes 设计工作室. 创意 UI：Photoshop 玩转移动 UI 设计. 北京：人民邮电出版社，2015.
[4] 林琳. 计算机操作员. 北京：中国劳动社会保障出版社，2014.
[5] 杨仁毅. 中文版 Dreamweaver CS6 完全自学教程. 北京：人民邮电出版社，2014.
[6] 数字艺术教育研究室. Dreamweaver CS6 基础培训教程. 北京：人民邮电出版社，2012.
[7] 奎晓燕，贾楠. 边做边学：Dreamweaver CS6 网页设计案例教程. 北京：人民邮电出版社，2015.
[8] 李翊，刘涛. Dreamweaver CS6 网页设计入门、进阶与提高. 北京：电子工业出版社，2013.